基于现实的交互界面　引领未来人机交互趋势

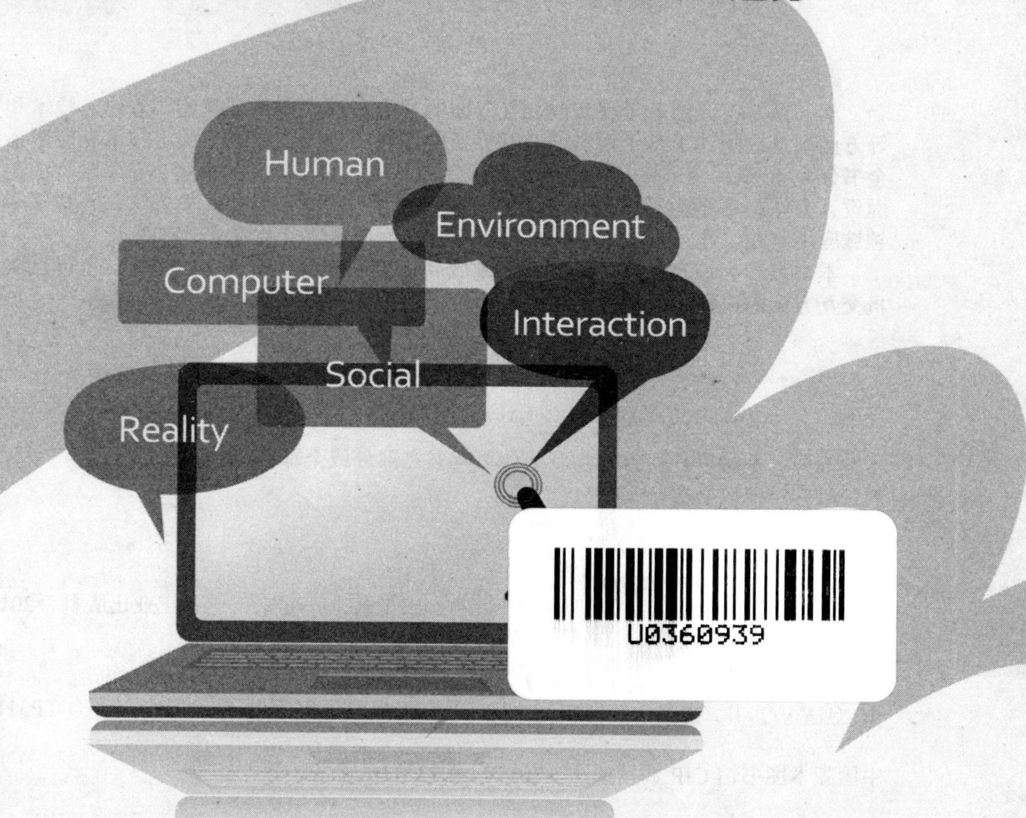

基于现实的交互界面

方法和实践

Reality-Based Interaction: Method and Practice

◎吕菲　田丰　著

電子工業出版社
Publishing House of Electronics Industry
北京•BEIJING

内 容 简 介

本书是专门介绍基于现实的交互界面的实用书籍，本书从理论、方法、技术和实现等方面系统地阐述了基于现实的交互界面的概念、框架、模型、关键技术和应用系统。全书分为 8 章，内容包括用户界面概述、基于现实的交互界面概述、基于现实的用户界面设计方法、基于运动模型的交互技术、基于现实的交互界面评估方法、儿童汉字学习领域应用实践、儿童讲故事领域应用实践、儿童合奏学习领域应用实践。

本书可作为信息科学和交互设计领域高年级本科生或研究生的教材，也可供从事人机交互方向的科研人员和从业人员参考。

图书在版编目（CIP）数据

基于现实的交互界面：方法和实践 / 吕菲，田丰著. —北京：电子工业出版社，2017.12
ISBN 978-7-121-32739-1

Ⅰ. ①基… Ⅱ. ①吕… ②田… Ⅲ. ①人机界面－程序设计－研究 Ⅳ. ①TP311.1

中国版本图书馆 CIP 数据核字（2017）第 232116 号

策划编辑：李 敏
责任编辑：李 敏 特约编辑：刘广钦 刘红涛
印 刷：三河市鑫金马印装有限公司
装 订：三河市鑫金马印装有限公司
出版发行：电子工业出版社
北京市海淀区万寿路 173 信箱 邮编 100036
开 本：720×1 000 1/16 印张：13.75 字数：280 千字
版 次：2017 年 12 月第 1 版
印 次：2017 年 12 月第 1 次印刷
定 价：59.00 元

凡所购买电子工业出版社图书有缺损问题，请向购买书店调换。若书店售缺，请与本社发行部联系，联系及邮购电话：（010）88254888，88258888。

质量投诉请发邮件至 zlts@phei.com.cn，盗版侵权举报请发邮件至 dbqq@phei.com.cn。

本书咨询联系方式：010-88254753 或 limin@phei.com.cn。

序 | Preface

用户界面是交互式计算机系统的重要组成部分，是决定用户体验的主要因素。用户界面的开发工作量占到系统的一半以上，提高用户界面的开发效率和可用性是软件工程的重要任务之一。

界面范式是为实现这一目的而提出的重要概念，是交互式系统开发的指导思想，也是用户界面高效、高质量开发的前提。人机交互的历史是界面范式不断变迁的历史，经历了命令行界面、图形用户界面到自然用户界面。图形用户界面也称为 WIMP 界面，是由“视窗”（Windows）、“图标”（Icons）、“菜单”（Menus）及“指点设备”（Pointer-Pointing Device）组成的缩写。它以桌面计算为隐喻，具有直接操作、可见即可得等优点，广泛使用了近半世纪，开发了办公软件、管理软件、浏览器等主流软件，造就了个人电脑时代的辉煌。

随着计算机应用的普适化和虚拟化，出现了普适计算、虚拟现实等新的计算环境，人们开始对 WIMP 界面进行批判，其主要缺点是：WIMP 界面以“桌面”为隐喻，制约了人机交互；计算机的输入/输出带宽不平衡；WIMP 界面采用顺序的对话模式，仅支持精确和离散的输入，不能处理同步操作，不能利用听觉和触觉等。为了克服这些缺点，人们提出了自然用户界面的概念。Jacob 等于 2006 年提出了基于现实的交互，其核心思想是让人们和计算机的交互更接近现实，根据接近现实的程度，基于现实的交互分为 4 个阶段：物理感知、身体意识和技能、环境意识和技能、社会意识和技能。

本书作者在 Jacob 等的概念框架基础上，进行了基于现实交互的探索和实践，总结了相关的技术和方法，包括设计方法、交互技术和评估方法。作者开展的应用实践包括儿童汉字学习、儿童讲故事和儿童音乐合奏。

我们已经进入了万物互联时代，大量交互设备出现，体现人们视、听、触觉的自然交互迫切需要新的计算范式。人工智能技术的迅速发展，也为以自然为特点的交互范式的实现提供了技术基础。希望本书的出版能够使更多的学者开展人机交互界面范式的研究和实践，加速我国人机交互的新革命。

基于现实的交互不仅要解决人和物的关系，更要解决人和人的关系及人和自然的关系。基于现实的思想和中国传统的文化思想是一致的，我国可以充分利用这个优势发展我国的人机交互，从而达到这个领域的国际领先水平。

戴国忠

2017 年 8 月

前　言 | Foreword

人机界面是计算机系统的重要组成部分，是当前计算机行业竞争的焦点，它的好坏直接影响着人们日常生活和工作的质量、效率和体验。与摩尔定律所预言的计算机硬件性能的稳定发展不同，人机界面的发展并不是持续稳定增长的，而是一种经历长时间稳定后的突破式演变。其中，WIMP界面由于其图形化界面和直接操作的特点，较以前的界面风格而言具有明显的优点，在近几十年中一直处于统治地位。

目前，人机交互正进入一个蓬勃发展的新时代。随着计算机硬件和软件技术的发展及对心理学的进一步了解，研究者们开发了大量与传统WIMP 界面范式不同的新的人机交互界面。这些新的交互界面尽管看上去风格迥异，但是它们都前所未有地吸收和借鉴了用户对日常生活中非数字世界的既有知识，使得人与计算机的交互更加自然和直觉，如同人们与现实物理世界交互一样，因此被 ACM CHI Academy Jacob 教授称为基于现实的交互（Reality-Based Interaction，RBI）。RBI 概念的提出为研究新兴界面风格提供了共性命名和统一框架，使得研究者能够通过这个框架进行人机交互研究工作，并提供了探索和发现未来发展机会的新视角。本书作者在进行这一领域研究工作的过程中，深感需要一本全面介绍 RBI 界面的书籍，以满足人机交互学科的发展需要。现将本书作者多年来对 RBI 界面的研究成果加以归纳，从理论、方法、模型、技术和应用方面对该领域进行总结，供人机交互研究者和从业者们参考。

全书分为 3 个部分共 8 章。第一部分为概述（第 1～2 章），介绍了用户界面的重要作用和发展历史，阐述了基于现实的交互界面的概念、现实层级框架、作用和意义、研究现状、未来发展趋势，以及目前所面临的问题和挑战。第二部分为技术和方法（第 3～5 章），介绍了基于现实的交互界面设计方法、基于运动模型的笔尾交互技术和肢体交互技术、交互界面评估的方法和框架等。第三部分为应用实践（第 6～8 章），介绍了儿童汉字学习系统、儿童讲故事学习系统和儿童音乐合奏学习系统等具有重要社会价值的应用系统。

本书的完成要感谢我的博士生导师戴国忠研究员，他在研究方向上给了我极大的指引，对本书的框架和结构也提出了非常宝贵的指导。感谢我的硕士生导师侯文军教授，一直支持我的科研和教学工作。感谢我的学生席瑞、蒋之阳、孙正昱、何致奇等在书稿整理上的帮助。同时，特别感谢我的父母、爱人和女儿，没有他们的支持和奉献，我不会有时间和精力完成本书的写作。

本书受到国家重点研发计划（2016YFB1001405）、中央高校基本科研业务费专项资金资助项目、北京市社会科学基金项目（16YTC033）、国家自然科学基金（61303162、61232013、61422212）和中国科学院前沿科学重点研究计划（QYZDY-SSW-JSC041）的资助，在此一并表示感谢。

尽管我们对本书有着较高的期待并做出了最大的努力，但由于写作水平和研究工作的局限、编写时间的仓促，书中的不足、疏漏之处在所难免，欢迎广大读者积极提出宝贵意见。

吕　菲
北京邮电大学
2017 年 8 月

| 目　录 | Contents

第一部分　概述

第二部分　技术和方法

第三部分　应用实践

第一部分

概述

本部分将介绍基于现实的交互界面的基本概念。

▶第 1 章

用户界面概述

用户界面（User Interface），又被称为使用者界面或人机界面，是人与计算机之间交换、传递信息的平台及对话的窗口，是计算机系统的重要组成部分。用户界面是当前计算机行业竞争的焦点之一，它的好坏直接影响着人们日常生活和工作的质量、效率和体验。计算机处理速度和性能的迅猛提高并没有相应提高用户使用计算机交互的能力，其中一个重要原因就是缺少一个与之相适应的用户界面。随着计算机软硬件的快速发展，用户界面也面临着更高的要求和挑战。

1.1　用户界面的发展历史

与摩尔定律所预言的计算机硬件性能的稳定增长不同，用户界面的发展并不是持续稳定增长的；相反，用户界面的发展是一种经历长时间稳定后的突破式演变。从20世纪50年代用户界面出现至今，其发展经历了三次演变：1950—1960年的批处理界面、1960—1980年的命令行界面、兴起于20世纪70年代的WIMP界面。每一个新的时代较前一个时代而言，都能更大限度地拓展人机交流的带宽，提高用户的生产力。

在用户界面发展的第一个时代，人们主要通过批处理方式（Batch Mode）来使用计算机。而当时计算机所装备的输入设备是穿孔卡片，输出设备是行式打印机。因此，只有少数人可以通过控制台上的控制开关和信号灯的显示来进行计算机调试。可以说，在那种情况下的用户界面只是一种用户界面的雏形[1]。

在用户界面发展的第二个时代，计算机硬件已经有了很大的发展。应用了分时系统的大型机和小型机是当时的主流设备。人们通过不同的终端来分享大型机的资源。那时，用户可以通过在键盘上输入字符形式的命令和参数来操作计算机。这个时代被称为命令行时代。这个时代一直延续到个人计算机出现早期，像DOS和UNIX操作系统都是这一时代风格的体现。命令行方式要求用户进行大量的记忆和训练，并且容易出错，使入门者望而生畏，但同时也比较灵活和高效，适合一些专业人员使用。

到了20世纪70年代，著名的研究机构Xerox PARC研究出了第三代用户界面的雏形——WIMP界面。1979年Thacker等开发的Alto Computer是首个提供给用户视窗（Windows）、图标（Icons）、菜单（Menus）和指点设备（Pointer-Pointing Device）四大组件的界面，它也成为第一批使用基于桌面隐喻操作系统的计算机。桌面隐喻是指在计算机屏幕上虚拟呈现了用户熟悉的办公室，这种隐喻可以降低用户和机器间的不信任感[2]，也使得用户更容易学习和掌握如何使用用户界面。这种风格一直沿用至今。它最早由Apple公司的Macintosh操作系统应用，之后Microsoft公司的Windows和UNIX系统中的Motif窗口系统也纷纷效仿，使得它成为占统治地位的界面风格。这种界面风格之所以能统治这么长时间，是因为它与命令行的输入相比，大大地提高了用户的生产力。WIMP 交互方式具有直接操作的特点。直接操作具有三个重要特征[3]：对象可视化，界面可以通过图形方式显示用户所关心的对象；语法极小化，采用物理动作或按钮代替复杂的语法规则，用户不必通过命令行的输入方式来手动构造命令语法，避免了在命令输入过程中的错误，同时缩短了命令的执行时间，提高了用户的工作效率；快速语义反馈，用户在对象上快速、增量式和可逆的操作会立即带来可视的效果，这无疑极大地减轻了用户的认知负担。

在 WIMP 界面占统治地位的几十年中，随着计算机硬件设备的进步和软件技术的发展。WIMP 界面的缺点逐渐地体现出来。对于 WIMP 界面而言，它终究是局限在桌面隐喻之上的，用它来进行文档的处理等工作非常合适，但对于像虚拟现实等其他许多类的应用而言，WIMP 界面并不合适。从 20 世纪 90 年代初开始，研究者们将研究的焦点重新聚集到了下一代用户界面的研究上。

1.2 用户界面范式

范式（Paradigm）一词源于希腊语，指修辞学上的例证、范例，其在科学上的使用最早可见于 1962 年托马斯•库恩的《科学革命的结构》一书。托马斯指出，范式是一种公认的模型或模式，而科学的变革往往伴随着范式的改变（Paradigm Shift）[4]。在人机交互中，广义的范式指人机交互相关的理论、法则、应用、方法等，而更具体的界面范式常常用来指代界面设计的模式[5]。

界面范式与界面隐喻互相区别却又紧密相关。隐喻既是一种语言修辞方法，也是一种认知工具[6]。在人机交互领域，界面隐喻（Metaphor）延伸了隐喻的认知属性，用人们熟知的非计算机领域的概念表达用户界面中的功能和对象。与界面范式相比，界面隐喻侧重于描述心智模型（Mental Model），用于帮助研究人员、设计人员和用户建立一个统一的模型；而界面范式则侧重于描述界面的具体形式，能够指导设计者和开发者进行界面设计。图形用户界面最著名的界面隐喻是桌面隐喻，通过模拟桌面办公环境向用户解释界面组件和交互方式。

与桌面隐喻对应的界面范式就是 WIMP 范式。在 WIMP 范式中，W 是视窗（Windows），表示承载应用信息的交互组件；I 是图标（Icons）；M 是菜单（Menus），表示直接操作的对象组件；P 是指点设备（Pointer-Pointing Device），表示此范式中所采用的设备及相应的交互方式。用户界面的发展和变革本质上与界面范式密切相关。

1.3 WIMP 界面的批判

WIMP 范式虽然已经统治了用户界面领域近几十年，并将在今后一段时间内仍处于统治地位；但 WIMP 自身存在一些缺陷，人们需要研究和建立更加合理、有效的人机交互风格。Van Dam 对于 WIMP 范式的缺陷有着较为全面的概括[1]。

- 对于 WIMP 范式下的每一个交互组件（如按钮、菜单等）而言，单独使用它们非常方便，但如果将它们按照应用系统的要求组合在一起，将导致界面复杂性和交互复杂性的非线性增长，最终会大大增加用户的认知负担。
- 用户大量的时间都花费在了关注如何进行交互操作上，而不是任务本身。一些专业用户往往厌烦了太多的“Point and Click”操作，反而重新选择使用键盘的快捷方式来进行操作。
- WIMP 界面由于其信息维度的限制，对于多维信息并不能进行自然的表达，只能通过多窗口的方式来解决。同时，对于三维的交互任务而言，使用二维的 WIMP 界面显然也是不自然的。
- 鼠标和键盘并不适合所有人，对于那些身体有缺陷的用户而言，WIMP 界面并不合适。
- WIMP 交互方式并没有利用语音、听觉和触觉等交互技术。正如 Bill Buxton 所言，WIMP 交互方式仅仅利用了人的一只眼睛和一根手指，这对于拥有各种交流器官的人类而言，利用率无疑是非常低下的。

1.4 用户界面的新趋势

从 20 世纪 90 年代起，人机交互研究者们开始展望下一代用户界面：Nielsen 提出了 Non-Command User Interfaces 的概念[7]；Green 和 Jacob 在 1990 年的 ACM SIGGRAPH 年会上最早提出了 Non-WIMP 界面的概念，用来描述没有使用桌面隐喻的界面[8]；1997 年，美国布朗大学的 Van Dam 在 COMMUNICATIONS OF THE ACM 上提出了 Post-WIMP 用户界面的概念，指出新的界面应该“至少包含一项不基于传统的 2D 交互组件（如菜单和图标）的交互技术”[1]。

用户界面的发展也验证了研究者们的猜测，涌现出了大量与传统 WIMP 范式不同的界面类型。Jacob 对现有的 Post-WIMP 范例进行了总结，提出了基于现实的交互（Reality-Based Interaction，RBI）[9]，这一概念和相关框架为分析新兴用户界面提供了新的思路。

1.4.1 Non-Command User Interfaces

1993 年，Nielsen 提出了 Non-Command User Interfaces[7]的概念，并对传统用户界面和下一代用户界面的交互特征进行了深入的比较和研究。他指出，所有以前的用户界面风格，包括批处理方式、命令行方式、图形界面方式都可以统称为基于命令的界面。在这些界面中，计算机通过接收用户发出的精确的计算机命令来执行相应的操作。而下一代用户界面可以定义为非命令的界面。用户同计算机的交互并不通过发送精确的计算机所定义的命令；而是计算机根据用户的交互动作、分析用户的交互意图来执行相应的任务。这样用户的注意力就可以从关注操作控制转移到任务本身。

Nielsen 从以下多个方面阐述了下一代用户界面同传统用户界面的不同，指出了传统用户界面的不足。他还指出，也许在下一代用户界面系统中可能无法看到所有方面的不同，但至少会反映其中的几种[7]。

- 从用户注意（User Focus）的角度来看，在传统的用户界面中，用户关注的是如何控制计算机；而在下一代用户界面中，用户关注的是如何执行他所关心的任务。从传统意义来讲，计算机给人的印象是当用户使用计算机时，用户需要知道如何操作计算机，并通过一系列的操作过程来完成任务。用户的工作领域是计算机，而不是任务领域。而在下一代用户界面中，由于交互任务的产生结构发生了变化，用户无须主动地构造任务的命令语法。用户关注的是他要执行的任务领域，而执行的动作也是任务领域中的相应动作，系统会自动地将用户的交互动作转变为相应的命令。
- 从计算机的角色来看，计算机需要从简单的命令执行者向拥有一定智能的 Agent 转变。传统用户界面遵从于一种命令驱动的交互风格，系统会按部就班地遵照用户的指示去执行相应的动作。如果用户进行了错误的输入，计算机也会遵照执行；同时，如果用户的输入不完整，没有完整地构成整个任务的语法结构，系统就无法执行相应的命令。而在下一代用户界面中，计算机将拥有一定的智能，它会根据交互上下文和其他的知识，来自动地判断用户的交互意图。
- 从界面控制的角度来看，控制者需要由用户向计算系统转变。在传统用户界面中，用户是交互的控制者，界面上所有的交互组件对用户而言都是可见的，用户通过与这些交互组件之间的交互来组织任务语法结构。而在下一代用户界面中，由于界面拥有了一定的智能，它可以根据目前交互的进程来自动构造相应的任务语法结构。也就是说，交互的控制并不完全掌握在用户手中，在交互的进行过程中，系统往往会根据交互的上下文来控制交互的状态，自动执行相应的命令，而这些活动无须用户参与。因此，界面控制能力对于下一代用户界面而言非常重要，好的界面控制可以大大降低用户的交互难度和复杂度，减少交互的错误发生。但反过来看，如果界面控制功能很强，但并不尽如人意，那么所产生的结果对用户而言也是无法接受的。

- 从任务语法的角度来看，在传统用户界面中，用户通过一系列的交互动作来构造完整的任务语法。无论从 Verb-None 还是 None-Verb 的结构来看，这种时序性语法[10]的结构形式和构造方式都很单一。但在下一代用户界面中，往往不需要用户显式地构造任务语法，同时任务语法的构造方式也将多种多样，识别技术和上下文感知技术的应用将大大提高任务语法的构造效率，降低复杂度。
- 从对象的可视性角度来看。直接操纵[3]的交互方式是图形用户界面的一个重要特征，这种交互方式需要明确设定交互组件和动作的含义；同时还需要将这些组件明显地放置在界面上，以备用户使用。但随着可操纵对象的增加，对象的可视性会给用户的交互带来一定的难度，用户不得不在众多的对象中挑选和操纵自己需要的对象。如何尽可能地显示对于用户当前交互有用的对象是下一代用户界面的一个重要的特征，而这一特征需要建立在对用户交互上下文理解程度的基础上。
- 从交互通道的角度来看，在传统用户界面中，人机交互是建立在单线程对话模式上的，用户在某个时间点只能使用一种交互设备与系统进行交互，交互通道是单一的。而下一代用户界面建立在多线程对话的基础上，用户可以同时利用多个交互设备与系统进行交流。基于多通道的交互将是下一代用户界面的一个重要特征。
- 从人机通信的带宽来看，在传统用户界面中，人机交互的输入设备是鼠标和键盘，用户输入的信息十分有限；同时，二维的信息表示方式也限制了输出通道的带宽。而在下一代用户界面中，多通道和三维交互方式将大大拓宽人机交互的输入带宽，同时虚拟现实和三维信息可视化技术也将大大拓宽人机交互的输出带宽。

- 从交互过程中的反馈来看，在传统用户界面中，词法和语法反馈是应用比较广泛的反馈形式。对于语义反馈而言，由于其需要较强的知识处理能力，往往在交互的过程中很少使用；但快速的语义反馈可以在用户交互过程中及时向用户提供系统的状态和信息，对于保证交互的正确性及提高用户的参与感而言有着非常重要的意义。在下一代用户界面中，快速、深层次的语义反馈将是一个重要的特征。
- 从交互的时序性的角度来看，传统的用户界面采用"Step-by-Step/Turn-Taking"的时序进行交互，系统等待用户的输入，当用户的交互动作完成之后，系统会处理用户输入的信息，进行相应的反馈输出。在系统做出反馈之前，用户必须等待。而在下一代用户界面中，实时性是一个重要的特征。以虚拟场景中的漫游为例，漫游是一个连续的交互任务，在用户的漫游过程中，系统不能等待用户的漫游任务完成才给出反馈，而必须在漫游过程中实时进行视点和场景的变换，只有这样，才能给用户以身临其境的感觉。
- 从界面所处的环境来看，传统用户界面是建立在桌面环境之上的，用户通过键盘和鼠标与计算机进行交互，同时计算机通过显示器的屏幕进行输出。而在下一代用户界面中，虚拟现实环境、普式计算环境都将成为界面所处的环境。人们可以在任何时间、任何地点、通过各种方式使用计算设备。交互并不只限制在桌面的范围之内。
- 从软件结构来看，下一代用户界面支持可复用的模块化构造方式，通过模块的复用性和扩展性来建立新用户界面下的软件结构。下一代用户界面还支持最终用户的可编程，用户可以通过图形化语言等方式来定制个性化界面。

1.4.2 Non-WIMP 和 Post-WIMP 界面

Green 和 Jacob 在 1990 年的 ACM SIGGRAPH 年会上最早提出了 Non-WIMP 界面的概念，用来描述没有使用桌面隐喻和 WIMP 范式的界面[5]。随后，Dam 在 1997 年提出了 Post-WIMP 界面的概念，指出 Post-WIMP 界面应该至少包含一项不基于传统的二维交互组件（如菜单和图标）的交互技术[1]。

Post-WIMP 界面和 Non-WIMP 界面的主要研究内容是一致的，它们都是针对那些与传统的 WIMP 范式不同的新的界面和交互方式进行研究的。但是，它们也略有不同，Non-WIMP 界面完全摒弃了传统的 WIMP 界面范式；而 Post-WIMP 界面在研究新的交互方式的基础上，并不完全排斥 WIMP 交互方式。从用户界面的发展来看，Non-WIMP 界面要成为主流的用户界面还有很长的一段路要走，而针对 Post-WIMP 界面的研究将会成为相当长一段时间内人机交互领域的研究重点。

Post-WIMP 界面有以下几个最基本的交互特征[1, 8, 11]。

- 连续的输入和反馈特征。在传统用户界面中，用户发送离散的命令给系统，系统接收到命令后执行相应的任务。但在 Post-WIMP 界面中，连续的输入信息和连续的反馈成为一个重要的特征。Post-WIMP 界面中一些基本的交互任务是连续的，如笔式交互中的一个笔画的输入、三维交互中的场景漫游和实体操纵。而连续的交互任务往往会带来相应的语法甚至语义层次上的连续输出和反馈。
- 输入和输出的高带宽特征。对输入而言，输入设备采样频率的增加及信息源的增加促进了输入带宽的提高。对输出而言，可视信息的三维化和多种感觉通道的呈现方式大大拓展了输出的带宽。
- 非精确的信息输入。在传统用户界面中，用户发送具有明确意义的命令给系统，系统直接根据用户输入的命令来找相应的匹配任务即可。

但在 Post-WIMP 界面中，用户输入的信息往往都是非精确的，如手写信息和语音信息。这些信息必须要经过一定的识别才能转换为精确的信息。但在识别的过程中，识别率和上下文等因素的条件限制使得所得出的精确信息并不一定能正确反映用户的意图。系统往往需要在用户后续的输入过程中分析之前所得出的结论和问题，并对其进行修正。

- 实时的反馈特征。几乎所有的 Post-WIMP 形式的应用都需要系统根据用户的动作进行实时的反馈。例如，在一个虚拟现实应用中，当用户头戴 HMD 在虚拟场景中进行交互时，系统会自动根据用户头部的运动来重画场景。当重画的延迟超过 400ms 之后，用户就会有延迟感。当长时间在这种情形下交互时，用户甚至可能患上相应的仿真器疾病，从而失去与虚拟环境进行交互时正常的幻觉。在笔式交互环境中，用户输入时的笔迹也需要进行实时的反馈，如果用户在书写过程中长时间无法实时地看到所写的笔迹，他的书写能力将会被削弱。

从上面的研究和论点中可以看出，WIMP 界面在多个方面都有其内在的缺陷。因此，WIMP 界面终将会被新一代用户界面所取代。

1.4.3 基于现实的交互界面

人机交互的发展印证了研究者们的预测。目前，人机交互正进入一个蓬勃发展的新时代，涌现出了大量与传统 WIMP 界面风格不同的新的人机交互界面。这些新兴的交互类型包括：

- 虚拟和增强现实（Virtual Mixed and Augmented Reality）[12~14]；
- 可触摸/实物计算（Tangible Computing）[15]；
- 普适计算（Ubiquitous and Pervasive Computing）[16, 17]；
- 移动交互（Handheld and Mobile Interaction）[18, 19]；

- 情感计算（Perceptual and Affective Computing）[20]；
- 隐式或被动交互（Tacit or Passive Interaction）[7]；
- 语音和多通道交互（Speech and Multi-modal Interaction）[21]；
- 上下文感知计算（Context-aware Computing）[22]等。

与前面三代交互界面相比，新一代交互界面更具有多样性，如何提取它们共有的显著特性，从而对新一代用户界面进行定义，已经成为研究者们关注的热点。Jacob 教授在 ACM CHI 2006 上首次提出了基于现实的交互（Reality-Based Interaction，RBI）的概念[9]（也可译为基于真实的交互）。他对新兴的 Post-WIMP 交互类型进行了总结，并指出新兴的交互风格尽管看上去风格迥异，但是却具有显著的共性，它们都前所未有地利用了用户在非数字的日常生活中的既有知识，使得人与计算机的交互更加自然、直觉，如同人们与现实物理世界的交互一样，因此被称为基于现实的交互。该概念总结了各种新兴交互界面的共有特征，为这些交互界面提供了统一命名。

1.5 本书的动机和主题

随着计算机技术的普及和高速发展，如何实现直觉化交互提高用户体验已成为人机交互领域亟待解决的研究课题。长期以来，基于鼠标和键盘的 WIMP 范式在用户界面中占据主导地位，然而人们在现实物理世界中形成的知识和经验并没有得到充分利用，这给交互带来很重的认知负担。将现实物理世界人们所熟悉的基础技能潜移默化地融合于数字世界中，构造出基于现实的交互界面，能使得交互更加自然和易于学习；这不仅仅是一种本质的回归，更是一种认知上的创新。

本书从理论、方法、技术和实现等方面系统地阐述了基于现实的交互界面的概念、框架、模型、关键技术和应用系统。全书共分为 8 章。

第 1 章 用户界面概述。本章以用户界面的重要性为出发点，介绍用户界面的发展历史、界面范式、WIMP 界面的批判及未来趋势，引出基于现实的交互界面，并由此阐述本书的写作动机和主题，还对本书的组织结构进行了说明。

第 2 章 基于现实的交互界面概述。本章详细阐述了基于现实的交互界面的基本概念、现实层级框架、作用和意义，讨论了其研究现状及发展趋势，并指出了目前所面临的问题和挑战。

第 3 章 基于现实的交互界面设计方法。本章以现实层级为基础，从界面设计流程和反馈设计方法两个方面对基于现实的交互界面设计方法进行阐述。

第 4 章 基于运动模型的交互技术。本章分别阐述了笔尾手势和手臂伸展手势的运动模型，讨论了基于运动模型的交互技术设计空间，并介绍了一种基于数字笔的虚拟圆规的交互技术。

第 5 章 基于现实的交互界面评估方法。本章介绍了用户界面评估的经典理论模型和定性方法，探讨了生理评估方法，并阐述了基于现实层级的统一评估框架。

第 6 章 儿童汉字学习领域应用实践。本章介绍了面向儿童汉字学习领域的应用实例，对该领域的突出问题、传统群组游戏特征、系统设计和实现、实地研究结论等进行阐述。

第 7 章 儿童讲故事领域应用实践。本章介绍了一种基于笔和肢体交互的儿童讲故事系统 ShadowStory，对儿童游戏特征、传统皮影戏特征、系统设计和实现、实地研究结论等进行阐述。

第 8 章 儿童合奏学习领域应用实践。本章介绍了一种通过手势交互技术和直觉化界面提供器乐合奏体验的交互式系统 EnseWing，并讨论了该系统在实地研究中的有效性。

参考文献

[1] DAM A V. Post-WIMP user interfaces[J]. Communications of the ACM, 1997, 40(2): 63-67.

[2] HALL W. Ending the tyranny of the button[J]. IEEE MultiMedia, 1994, 1(1): 60-68.

[3] SHNEIDERMAN B. Direct Manipulation: A Step Beyond Programming Languages[J]. Computer, 1983, 16(8): 57-69.

[4] KUHN T S. The Structure of Scientific Revolutions[M]. Chicago: University of Chicago Press, 1962.

[5] CARROLL J M. Human computer interaction—brief introduction[J]. The Encycloped ia of Human-Computer Interaction, 2nd Ed, 2013.

[6] LAKOFF G, JOHNSON M. Metaphors we live by[M]. Chicago: University of Chicago Press, 2003.

[7] NIELSEN J. Noncommand user interfaces[J]. Communications of the ACM, 1993, 36(4): 83-99.

[8] GREEN M, JACOB R. SIGGRAPH '90 Workshop report: software architectures and metaphors for non-WIMP user interfaces[J]. Computer Graphics, 1991, 25(3): 229-235.

[9] JACOB R J K. What is the next generation of human-computer interaction?[C] //Proceedings of the CHI Conference Extended Abstracts on Human Factors in Computing Systems. April 22-27, 2006, Montréal, Québec, Canada. New York: ACM Press, 2006: 1707-1710.

[10] WITTENBURG K, WEITZMAN L, TALLEY J. Unification-based grammars and tabular parsing for graphical languages[J]. Journal of Visual Languages and Computing, 1991, 2(4): 347-370.

[11] JACOB R J K, DELIGIANNIDIS L, MORRISON S. A software model and specification language for non-WIMP user interfaces[J]. ACM Transactions on Computer-Human Interaction, 1999, 6(1): 1-46.

[12] FOLEY J D. Interfaces for advanced computing[J]. Scientific American, 1987, 257(4): 126-135.

[13] AZUMA R, BAILLOT Y, BEHRINGER R, et al. Recent advances in augmented reality[J]. Computer Graphics and Applications, IEEE, 2001, 21(6): 34-47.

[14] AZUMA R T. A survey of augmented reality[J]. Presence-Teleoperators and Virtual Environments, 1997, 6(4): 355-385.

[15] ISHII H, ULLMER B. Tangible bits: towards seamless interfaces between people, bits and atoms[C] //Proceedings of the SIGCHI conference on Human factors in computing systems. Atlanta, Georgia, United States. New York: ACM Press, 1997: 234-241.

[16] WEISER M. Some computer science issues in ubiquitous computing[J]. Commun ACM, 1993, 36(7): 75-84.

[17] WEISER M. The computer for the 21st century[J]. Scientific American, 1991, 265(3): 94-104.

[18] SATYANARAYANAN M. Pervasive computing: vision and challenges[J]. Personal Communications, IEEE, 2001, 8(4): 10-17.

[19] SAHA D, MUKHERJEE A. Pervasive computing: a paradigm for the 21st century[J]. Computer, 2003, 36(3): 25-31.

[20] PICARD R W. Affective computing[M]. Cambridge: The MIT Press, 1997: 304.

[21] WAIBEL A, VO M T, DUCHNOWSKI P, et al. Multimodal interfaces[J]. Artificial Intelligence Review, 1996, 10: 299-319.

[22] SCHILIT B, ADAMS N, WANT R. Context-Aware Computing Applications [C]//Workshop on Mobile Computing Systems & Applications, 1994, 85-90.

▶第 2 章

基于现实的交互界面概述

2.1 基本概念

目前，人机交互正进入一个蓬勃发展的新时代。研究者们研发了大量与传统 WIMP 界面不同的新型人机交互方式。它们的共同特征是都利用了用户对日常生活中非数字世界的既有知识，使得人与计算机的交互更加自然、直觉，如同人们与现实物理世界交互一样，因此这些交互方式被统称为基于现实的交互（Reality-Based Interaction，RBI）[1]，有时也被称为基于真实的交互。ACM CHI Academy Jacob 教授在 ACM CHI 2006 上首次提出了这一概念。该概念总结了各种新兴技术的共同特征，为研究新兴的交互界面提供了统一框架。

RBI 界面的现实性有两种体现形式。这两种形式都利用了人类在现实物理世界中的已有知识来执行界面交互任务，或/并将数字的交互任务融入现实物理世界的现实任务中。

- 在现实世界中的交互：如普适计算、移动交互等，将计算环境移出实验室或办公室，从离散的桌面环境移入人类日常生活中。可携带性（Portability）是实现在现实世界中交互的要点。
- 像现实世界的交互：如虚拟现实、增强现实等，研究用户日常生活中已有的知识和技能，利用用户在现实物理世界中自然的交互行为，而不是去训练用户的计算机技能。

需要注意的是，这种现实不是对现有世界的完全模仿和简单照搬，而是有改进和提高的现实。就像一个超人，既拥有人类的基本能力，如行走、奔跑、转动头部、四处张望等；又具有超出人类能力的本领，如 X 光透视、飞行等。在对界面交互行为进行设定时，应该使现实行为按照现实的交互模式操作，超现实的部分则尽可能在现有交互模式的基础上加以模仿和改进。

RBI 界面致力于使人与计算机之间的交互更像人与现实的非数字世界之间的交互，因此用“现实”一词来指代物理、非数字世界的内容。然而，“现实”这一词汇，可以有许多其他的解释，包括文化和社会现实。另外，也有许多人认为在科技日益发达的今天，键盘和鼠标与其他物理工具一样，都是现实的组成部分。为了澄清这个概念，在 CHI 2007[2]和 CHI 2008[3]上，Jacob 教授进一步提出了 RBI 现实层级框架，对 RBI 的内容进行了详细阐述。

2.2 现实层级

Jacob 教授将 RBI 界面所具有的“现实”从底层至上层分为四个层级[3]：简单物理感知（Naive Physics）、身体意识和技能（Body Awareness & Skills）、环境意识和技能（Environment Awareness & Skills）、社会意识和技能（Social Awareness & Skills），如图 2.1 所示。

图 2.1　RBI 现实性的四个层级[3]

1．简单物理感知

简单物理感知是 RBI 现实层级的最底层，它指人类对物理世界的普遍感知和常识性知识，如速度、重力、摩擦力等概念。在新兴交互界面中，用户界面越来越多地模拟或直接使用物理世界的简单物理属性。例如，Apple iPhone 等用户界面采用物理隐喻将重力、质量、刚度、弹性和惯性等特征添加到交互组件中。这些常识性的知识和特征都属于简单物理感知的范畴，它们将为 RBI 现实层级的其他层级提供支持。

2．身体意识和技能

身体意识和技能是指人类对自己身体的感知，以及对身体运动的控制和协调能力，是人类自身独立于外部环境的感知和技能。例如，人类能够感知到自己肢体的相对位置，能够控制和协调四肢、头部和眼睛等身体部位进行运动，并利用这些运动完成某些操作，如抓握、走路、踢球或写字等。这些身体意识和技能是人类在成长和发育过程中逐渐形成和完善的。基于这些技能，新兴用户界面可支持越来越多的输入通道和输入技术，包括双手交互、全身交互等。

3．环境意识和技能

环境意识和技能指人类对周围环境的感知，以及在环境中进行操作和导航的技能。在现实世界中，人类的生存空间环境中环绕着物体、景观等许多物理存在。在这些物理存在中隐藏着一些线索，如方向信息、深度信息等，这些线索能帮助人们建立对环境的方向和空间意识。例如，地平线能够提供方向信息线索，而大气的颜色、雾和光影提供了深度信息线索[4]。人类通过经验的积累，掌握了通过这些信息线索在环境中导航的能力，以及识别和操纵环境中物体的能力。在许多新兴交互界面中，用户界面也给用户提供了许多参考对象和人工标记，帮助用户进行环境感知和环境导航操作[5]。

4．社会意识和技能

社会意识和技能是 RBI 现实层级中的最高级，指人类对环境中其他人的感知及与其他人进行交互的技能。人类的存在离不开群体和群体活动，在长期的发展过程中，人类能够意识到他人的存在，并形成了社会交互的能力。这些能力包括语言和非语言交流能力、交换物理对象的能力、与其他人合作完成任务的能力等。许多新兴的交互界面鼓励社会意识和共同协作，例如，实物交互界面（Tangible User Interface，TUI）提供共有空间和一系列的输入设备来支持用户的同步协作。

2.3 RBI 框架的作用和意义

RBI 概念的提出为新兴交互技术的各个子集提供了共性命名，这使得研究者能够通过这个框架来理解、比较和描述现有的人机交互研究方法，通过 RBI 的视角也能为设计师提供灵感，提供探索和发现未来可能性的机会，还能够使研究者基于现实层级框架进行评估技术的研究，用于评估目前难以估量的新兴界面。

由于利用了人类在现实世界中的知识，RBI 界面具有非常明显的优点，包括如下几个方面。

- 减少用户的认知负载。利用用户的已有知识，能够减少用户的认知负载，从而加快用户的学习速度，并在有时间压力或精神紧张的情况下提高用户的绩效表现。

- 使交互更加直觉化（Intuitive）。人类在幼年时期获取的知识更为直觉，例如，人类天生所具有的导航能力就非常的鲁棒和熟练。使用这些已有的能力比使用刚习得的新技能更容易。
- 激发人类的创造力和社会化活动。由于不再需要学习过多的界面技能，用户可以将注意力集中在创造性和探索性工作，以及交流或协作等社会化活动上。

根据 Norman 的定义[6]，人机交互存在两大鸿沟，其中执行阶段的鸿沟是指在执行任务时用户的意图与被允许的界面命令之间的差距，衡量这一鸿沟的方法之一就是看某种系统能否支持用户轻松、直接地完成希望执行的操作，是否提供了符合用户意图的操作方法；评估阶段的鸿沟是指在执行任务时用户对系统状态的理解与界面反馈之间的差异，反映了用户在解释系统工作状态、确定自己所期望的目标和意图是否达到时需要做出的努力。由于 RBI 界面利用了用户在现实世界中的知识和技能，因此用户不需要再将交互行为转化为界面语言，也不需要学习如何理解系统的反馈，而是直接基于在现实世界中的知识和技能来执行交互行为并评估交互结果，因此可以弥补人机交互过程中面临的执行阶段和评估阶段的两大鸿沟[7]。

RBI 框架很好地表征了新兴交互界面之间的关键共性。由于用户已经拥有所需的必要技能，因此使用基于现实世界的知识和技能进行交互能降低用户的操作难度和学习成本。同样地，由于用户不再需要学习界面特定的技能，因此将基于现实的交互概念应用于界面设计也会起到鼓励用户创作和探索的效果。然而，简单地将用户界面做成完全基于现实的界面是不够的。一个有用的界面很少完全模仿现实世界，其中必然包含一些与现实世界不一致或人造的特征和命令。事实上，计算机的大部分应用都使用了这种混合效应，即超越对现实世界的精确模仿。因此，研究人员必须在效能与现实之间取得平衡[3]。

2.4 RBI 界面的发展现状

目前，许多著名的研究机构，如斯坦福大学、卡耐基梅隆大学、华盛顿大学、塔夫斯大学等知名大学，以及微软、IBM、英特尔等企业研究机构都已经逐渐将研究重点转移到自然人机交互或 RB I 界面的研究上，分别面向特定领域做了许多有益的尝试。ACM CHI、ACM UIST、ACM IUI 等著名的人机交互会议也都将 RBI 相关的研究内容作为会议的一个重要议题。在人机交互顶级会议 ACM CHI 和顶级期刊 International Journal of Human-Computer Studies 上还组织了相关的 Workshop[1, 8]和特刊[9]。

虽然 RBI 框架引起了研究界的广泛兴趣，但针对 RBI 界面的研究才刚刚起步。研究者们大多将注意力集中在 RBI 界面中的个别类型和范例上。Rekimoto 和 Ullmer 等提出了一种混合了物理和图形交互的交互范式[10]；在 ACM CHI 2002 上，Xerox PARC 的 Bellotti 等分析了感知界面中的关键问题[11]；Billinghurst 等在 ACM SIGGRAPH 2005 上提出了增强现实交互式系统界面的设计方法[12]；Nilsson 提出了移动设备上用户界面的设计模式[13]；Shaer 提出了针对 TUI 的设计和实现范式[14]。这些研究成果针对 RBI 界面中特定的交互形式，在设计模式和设计方法方面做出了贡献，但它们的焦点都集中在 RBI 界面中的个体交互形式上，没有从 RBI 框架出发，也没有利用基于现实这一共性特征对新一代人机交互的通用模型和方法进行研究。

目前，针对 RBI 界面的系统性研究工作是 Jacob 教授的学生 Christou 提出的 CoDeIn 评估框架[7]。CoDeIn 对 WIMP 界面中的经典模型 GOMS[15, 16]进行了扩展，将传统 GOMS 任务序列分解的线性流程转变为并行流程，并引入了知识状态这一术语来淡化 GOMS 中目标的概念。与 GOMS 相比，CoDeIn 对 TUI 任务完成时间的预测更加精准。但是，CoDeIn 仍然延用了 GOMS 任务分解的思路，并且只关注用户执行任务的绩效表现，研究思路仍然局限在传统 WIMP 界面的框架中，并未体现 RB 界面 I 现实的特性。

从RBI界面的研究现状可以看出，目前RBI界面的研究大部分是孤立的，没有在RBI框架的指导下进行深入的研究和探讨。可以预见，随着各种新兴交互技术的不断涌现，该问题将会越发明显。正如ACM CHI 2009年的Workshop中所说："目前正是整合已开发的RBI研究方法的最佳时机，将这些离散的方法和技术转化为一个共性的框架，从而为RBI设计者们提供可供选择的方法和工具，用以系统性地评估产品或原型的可用性和用户体验"[8]。

2.5 RBI界面的问题和挑战

由于"现实"这一特征，RBI界面与前三个界面时代相比，具有非常突出的优势，但"现实"同时也对RBI界面设计提出了新的挑战，体现在以下几个方面。

1. 自然的交互行为

为了实现现实层级中的身体意识和技能层级，RBI界面需要拓展输入带宽，涵盖更多自然的身体运动，如双手交互、肢体交互等，并模拟现实世界中使用工具的运动，如笔交互等。特别需要注意的是，这些自然交互方式一定要与人类身体控制的基本能力相符合，不能超出或违背人类的身体技能。

2. 现实界面隐喻

在RBI界面中，研究者应该模拟或借用现实世界中的物理实体，为用户操作提供可供性（Affordance），降低他们的认知负担。例如，笔交互中界面的纸笔隐喻将纸张作为交互环境、笔作为交互工具，使用户能够基于日常生活中对纸和笔的认知，自然地在虚拟的纸面上勾画和书写，不需要进行额外的学习。

3. 社会化体验

与主要支持单人办公的WIMP界面不同，在RBI界面时代，提高工作效率不再是唯一目标，用户体验涵盖了更多范畴，如娱乐和社交，用户活动从孤立体验延展为社会体验。这种社会化体验鼓励用户更加关注人与人之间的交互，而不是人与计算机的交互。

如何构造与人类能力相适应的交互方式？如何从现实世界中获得隐喻并将其转化到界面设计中？如何提供给用户社会化的体验？这对 RBI 界面的模型、关键技术、设计和评估方法提出了新的挑战。在后面的章节中，本书将对 RBI 的理论、方法、技术和实现展开详细的阐述。

参考文献

[1] JACOB R J K. What is the next generation of human-computer interaction?[C] //Proceedings of the SIGCHI Conference Extended Abstracts on Human Factors in Computing Systems. April 22-27, 2006, Montréal, Québec, Canada. New York: ACM Press, 2006: 1707-1710.

[2] JACOB R J K, GIROUARD A, HIRSHFIELD L M, et al. Reality-based interaction: unifying the new generation of interaction styles[C]//Proceedings of the SIGCHI Conference Extended Abstracts on Human Factors in Computing Systems. April 28-May 3, 2007, San Jose, CA, USA. New York: ACM Press, 2007: 2465-2470.

[3] JACOB R J K, GIROUARD A, HIRSHFIELD L M, et al. Reality-based interaction: a framework for post-WIMP interfaces[C]//Proceedings of the SIGCHI Conference on Human Factors in Computing Systems. April 5-10, 2008, Florence, Italy. New York: ACM Press, 2008: 201-210.

[4] BOWMAN D A, KRUIJFF E, LAVIOLA J J, et al. 3D User Interfaces: Theory and Practice[M]. Addison Wesley Longman Publishing Co., Inc., 2004.

[5] VINSON N G. Design guidelines for landmarks to support navigation in virtual environments[C]//Proceedings of the SIGCHI conference on Human Factors in Computing Systems. Pittsburgh, Pennsylvania, USA. New York: ACM Press, 1999: 278-285.

[6] NORMAN D. The design of everyday things[M]. Basic books, 2002.

[7] CHRISTOU G. CoDeIn: A Knowledge-Based Framework for the Description and Evaluation of Reality-Based Interaction[D]. Boston: Tufts University Computer Science, 2007.

[8] CHRISTOU G, LAW E L-C, GREEN W, et al. Challenges in evaluating usability and user experience of reality-based interaction[C]//Proceedings of the 27th international conference extended abstracts on Human factors in computing systems. Boston, MA, USA. New York: ACM Press, 2009: 4811-4814.

[9] CHRISTOU G, LAI-CHONG LAW E, GREEN W, et al. Reality-based interaction evaluation methods and challenges[J]. International Journal of Human-Computer Studies, 2011, 69(1–2): 1-2.

[10] REKIMOTO J, ULLMER B, OBA H. DataTiles: a modular platform for mixed physical and graphical interactions[C]//Proceedings of the SIGCHI conference on Human factors in computing systems. Seattle, Washington, United States. New York: ACM Press, 2001: 269-276.

[11] BELLOTTI V, BACK M, EDWARDS W K, et al. Making sense of sensing systems: five questions for designers and researchers[C]//Proceedings of the SIGCHI conference on Human factors in computing systems: Changing our world, changing ourselves. Minneapolis, Minnesota, USA. New York: ACM Press, 2002: 415-422.

[12] BILLINGHURST M, GRASSET R, LOOSER J. Designing augmented reality interfaces[J]. SIGGRAPH Computer Graphics, 2005, 39(1): 17-22.

[13] NILSSON E G. Design patterns for user interface for mobile applications[J]. Advances in Engineering Software, 2009, 40(12): 1318-1328.

[14] SHAER O, JACOB R J K. A specification paradigm for the design and implementation of tangible user interfaces[J]. ACM Transactions on Computer-Human Interaction, 2009, 16(4): 1-39.

[15] JOHN B E, KIERAS D E. Using GOMS for user interface design and evaluation: which technique[J]. ACM Transactions on Computer-Human Interaction, 1996, 3(4): 287-319.

[16] JOHN B E, KIERAS D E. The GOMS family of user interface analysis techniques: comparison and contrast[J]. ACM Transactions on Computer-Human Interaction, 1996, 3(4): 320-351.

第二部分

技术和方法

本部分将介绍基于现实的交互界面的设计方法、关键交互技术及界面评估方法。

▶第3章 基于现实的交互界面设计方法

传统界面设计方法的产生和发展依存于 WIMP 界面风格，因此不可避免地受到 WIMP 界面局限性的影响。本章从 RBI 现实层级出发，对基于现实的交互界面设计方法展开讨论，具体阐述了界面设计流程和反馈设计方法[1]。

3.1 基于现实的交互界面设计流程

本节探讨了现有用户界面设计流程的局限性，从现实层级出发，阐述了基于现实的交互界面设计流程（Reality-based UI Design Process，RUDP），并介绍了问题分析、运动能力建模、现实隐喻提取、交互系统设计和实现、交互系统评估五个核心组件。RUDP 强调对人类的运动能力和限制进行探索和研究，基于用户运动模型进行交互界面设计，从而提供与用户运动能力相适应的交互技术。RUDP 还强调从现实世界中提取设计隐喻，以现实隐喻的关键元素为基础设计交互界面，为用户交互操作提供可供性，降低用户的认知负担。

3.1.1 背景

人机交互领域有一些被研究者和设计者们所熟知的设计方法和流程，包括以用户为中心的设计（User-Centered Design，UCD）[2]、目标导向的设计（Goal-Directed Design，GDD）[3]、以活动为中心的设计（Activity-Centered Design，ACD）[4]等。在这些设计方法和流程中，UCD 的使用范围和影响力最大。UCD 一词最早出现于 1986 年，由 Norman 和 Draper 正式提出[2]。UCD 设计方法强调把用户放在首位[5]。由于 UCD 鼓励用户参与设计的各个阶段，因此完善了早期以系统为中心的设计方法的不足，提高了交互系统的有用性和可用性[6, 7]。目前 UCD 设计流程已经被制定为 ISO 标准，包括 ISO 13407 及其技术报告 ISO TR 18529[8]。

UCD 设计流程包括三个主要阶段：用户研究阶段、设计阶段、评估阶段。在用户研究阶段，设计者主要致力于采集信息、定义目标用户及详尽了解用户需求；在设计阶段，设计者基于用户研究的结果构建系统界面、信息架构及相关文档；当设计完成后，设计者对方案进行用户评估和改进，这是 UCD 设计流程的评估阶段。这三个阶段的活动是 UCD 设计流程的核心 [9]。目前，研究者们也在具体的应用领域对 UCD 设计方法进行了探索和扩展。在网站设计方面，Troyer 等提出了 WSDM（Web Site Design Method）[10]；在并行系统设计方面，Smailagic 等提出了 UICSM（User-Centered Interdisciplinary Concurrent System Design Methodology）[11]，除此之外，Smailagic 还研究了面向可穿戴计算领域的 UCD 设计方法[12]；在产品概念设计方面，Kankainen 等提出了 UCPCD

（User-Centered Product Concept Design）[13]。

虽然传统的 UCD 设计流程获得了很大成功，但是它的诞生和发展都依存于 WIMP 界面风格，因此不可避免地会被 WIMP 界面风格所局限。特别地，在用户研究阶段，传统的 UCD 设计流程虽然也强调对用户的理解，但并没有深入理解用户在现实世界中不同层级的知识和技能，并将这些知识和技能应用于交互系统设计中。

3.1.2 RUDP：基于现实的交互界面设计流程

RBI 界面的最大特点是现实性，它要求人机交互系统尽可能地吸收和借鉴用户对日常生活中非数字化世界的既有知识，使人与计算机的交互更加自然、直觉，如同人们与现实物理世界之间的交互操作一样。在 RBI 系统中，输入带宽和交互通道得到进一步的扩展，许多新的输入方式涵盖了自然的身体运动，包括徒手运动（如双手交互运动、肢体交互运动等），以及模拟现实世界中使用工具的运动，如笔交互操作等。值得注意的是，在 RBI 界面中引入的自然输入方式需要与人类身体控制的基本能力相符合。为了尽可能地迁移用户的自然交互行为，需要基于对用户运动能力的研究成果，设计与用户运动能力相符的交互方式。

为了实现 RBI 界面的现实性，使用户能够基于他们对现实世界的理解来执行交互行为并评估交互结果，从而弥补人与计算机交互的两大鸿沟，本节阐述了一种基于现实的设计流程 RUDP，对传统 UCD 设计流程进行了扩展。

RUDP 分为问题分析、运动能力建模、现实隐喻提取、交互系统设计和实现、交互系统用户体验研究五个核心组件，如图 3.1 所示。

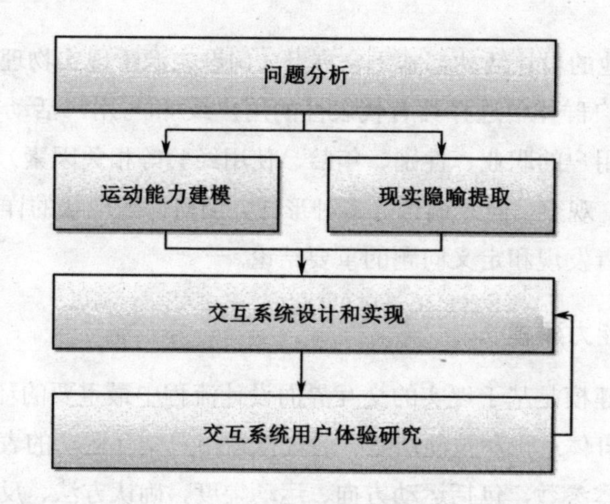

图 3.1　基于现实的交互界面设计流程

首先，研究者需要深入用户的现实生活场景去探索用户需要解决的问题及其关键点；其次，研究者需要研究用户以自然交互方式完成任务时的绩效表现，探索用户的运动能力和限制；同时，在现实世界中寻找隐喻；再次，从前面三项工作出发，设计和实现 RBI 系统；最后，当系统实现后，在用户现实使用场景中对系统进行评估和反馈，尽可能地将数字活动融入到用户的现实活动中，并鼓励用户将获得的数字体验迁移到现实物理世界中。

基于现实的交互界面设计过程采用了多次迭代的方式，根据用户的反馈进行反复修改和精炼完善。在设计过程的各个阶段，用户的参与将贯穿于始终。值得注意的是，除了系统的直接用户外，与用户活动相关的其他人员也会紧密参与到设计过程中。

3.1.3　核心组件

1. 问题分析

与传统的 UCD 方法相似，问题分析是整个交互界面设计流程中最基础的一项输入，其他的设计活动都基于它展开。问题来源于现实物理世界，研究者需要在目标用户群体中选择具有代表性的用户或/和与用户活动密切相关的人员（需要考虑用户的职业、性别、年龄、使用经验等相关因素），利用结构化/半结构化访谈、观察、问卷调查等多种形式，调研问题现状的详细信息及一些能够帮助研究者发现和定义问题的重要结论。

2. 运动能力建模

运动能力建模是基于现实的交互界面设计流程中最重要的环节。它对应了RBI框架中的身体意识和技能层级。通过探索用户交互运动的表现，研究用户交互运动的基本参数，包括运动方向、运动幅度、确认方法、反馈机制等。运动模型能够为交互技术和界面组件设计提供建议和指导。在本书第4章将详细阐述用户运动能力建模的方法和过程，并介绍基于运动模型的交互技术。

3. 现实隐喻提取

现实隐喻也是RUDP设计流程的一个重要组件，通过调研现实世界中的活动，尤其是调研群组参与的游戏和传统艺术等形式，从中提取关键元素，并将这些元素转化到数字系统中，作为系统设计的隐喻。这一阶段的具体步骤和实例将在本书的应用实践部分进行详细阐述。

4. 交互系统设计和实现

交互系统设计和实现是建立在前面三个阶段的研究基础之上的。本阶段针对待解决的实际问题进行用户研究和任务分析，借鉴现实活动的内容和规则，定义交互系统用户界面需要完成的任务及这些任务之间的关系，制定系统的整体架构；从用户运动模型出发，以用户的现实运动能力和限制为基础，设计与之相匹配的交互方式，从而充分利用用户的已有能力，降低用户的学习负担；从现实世界中提取关键元素，为界面设计寻找隐喻，并从现实层级出发构造界面反馈，最终设计和实现交互系统。本章第2节将对基于现实的反馈设计方法进行详细阐述。本书的应用实践部分也将描述交互系统设计和实现的具体实例。

5．交互系统用户体验研究

当交互系统实现后，需要在现实的使用场景中进行评估。这种评估不仅是对交互系统的验证，也是对用户体验的深入理解。利用现实的场景能够使数字活动融入到用户的现实活动中，并鼓励用户将获得的数字体验迁移到现实物理世界中。

对 RBI 系统的评估不仅包括传统的任务完成时间、错误率等绩效指标，还包括主观指标、生理生化指标等多维评价指标。RBI 评估方法将在本书第 5 章中进行详细介绍。

3.2　基于现实的反馈设计方法

反馈作为用户界面设计的重要组成部分，一直受到人机交互研究者们的广泛关注。目前，RBI 界面的反馈研究还处于离散状态，一些研究者针对 RBI 界面中的特定交互形式，提出了相应的反馈设计方法，但仍缺乏普适的、整合的反馈设计方法。

本节通过深入分析 RBI 界面的反馈行为，结合 RBI 现实层级的研究成果，描述了一种基于现实的反馈设计方法（Reality-based Feedback Design Method，RFDM）[1]。

3.2.1　背景

从用户界面诞生至今，对用户界面反馈的探索一直都是研究者们关注的重点。早在 1988 年，著名的人机交互研究先驱 Norman 就将反馈列为用户界面中最重要的六大设计准则之一。他指出，“反馈就是返回与用户活动相关的信息，例如，用户已经执行了哪些动作、完成了哪些任务等，通过反馈使得用户能够继续完成交互活动。”Norman 还强调，“没有反馈的界面将是令用户难以忍受的。”[4]

由于反馈的重要性，研究者们提出了许多界面反馈的设计方法。有研究者从触觉的视觉替代、听觉的视觉替代、触觉的听觉替代这三个方面展开研究分析，提出了网页界面中反馈替代的设计方法，并通过实例加以说明[5]。Hao 等提出了一种将脑机交互中的神经信号转化为界面视觉反馈形式的设计方法，通过这种方法能够动态显示用户的情绪状态[6]。Liao 等针对纸笔交互形式，从探索反馈、状态指示反馈和任务反馈三个反馈层级出发，提出了笔式用户界面的反馈设计方法[7]。这些研究大都是针对某些具体交互形式进行反馈设计方法的构建，并没有基于 RBI 界面的整体框架，因此得出的结果只适用于某些特定领域，具有一定的局限性。

3.2.2 基于现实层级的反馈分析

在 ACM CHI 2008 上，长期从事人机交互研究的 Jacob 教授提出了著名的现实层级框架[8]，以现实物理世界为出发点，将现实进行分级。现实层级框架从底层至上层分为四个层级：简单物理感知、身体意识和技能、环境意识和技能、社会意识和技能。

根据现实层级框架，我们可以将反馈行为分为以下 4 种类型：自然物理反馈、身体反馈、环境反馈、社会反馈。在现实物理世界中的所有具体反馈行为都可以归类到这 4 种反馈类型上。同样地，RBI 界面中的所有反馈行为也可以用这 4 种反馈类型来归纳描述，如表 3.1 所示。

表 3.1　基于现实层级框架的反馈分类

类型（T）	物理世界的反馈行为（PF）	RBI 界面的反馈行为（RF）
自然物理反馈（T_1）	PF_{11}，PF_{12}，…，PF_{1p}	RF_{11}，RF_{12}，…，RF_{1t}
身体反馈（T_2）	PF_{21}，PF_{22}，…，PF_{2q}	RF_{21}，RF_{22}，…，RF_{2u}
环境反馈（T_3）	PF_{31}，PF_{32}，…，PF_{3r}	RF_{31}，RF_{32}，…，RF_{3v}
社会反馈（T_4）	PF_{41}，PF_{42}，…，PF_{4s}	RF_{41}，RF_{42}，…，RF_{4w}

从上面的分析可以发现，RBI 界面反馈设计的本质是寻找从物理世界的反馈行为（PF）到 RBI 界面的反馈行为（RF）的映射。该过程表述为：PF→RF。需要注意的是，RBI 界面中的反馈行为（RF）并不是对物理世界的反馈行为（PF）的直接照搬，而是经过了提取、转化和精炼，使之更能适应 RBI 界面的特点。

3.2.3　RFDM：基于现实的反馈设计方法

对应于前面的分析，RFDM 关注于如何将物理世界的反馈行为映射到 RBI 界面的反馈行为。图 3.2 展示了 RFDM 的设计过程，它包括了三个主要步骤：首先，基于现实层级框架对任务目标相似的现实物理世界的反馈行为进行分析与归类；然后，利用层次分析法对其中的关键反馈行为进行提取；最后，基于设计原则完成 RBI 界面的反馈设计。

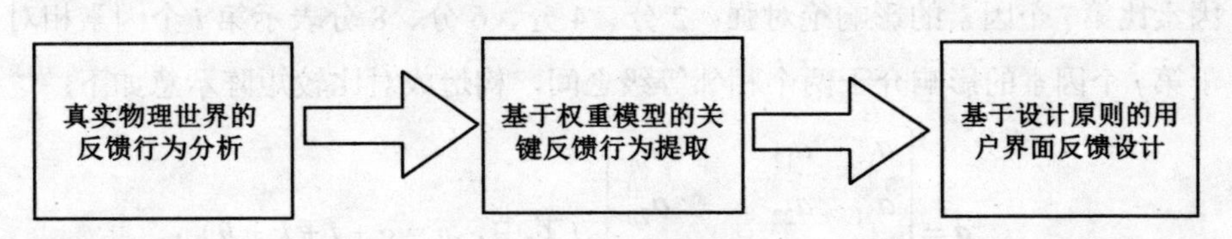

图 3.2　RBI 界面的反馈设计过程

1. 现实物理世界的反馈行为分析与归类

基于现实层级框架，将现实物理世界的反馈行为进行分析与归类，根据上节中的分析，有如下定义。

定义 1　$T=\{T_1, T_2, T_3, T_4\}$

其中，T 表示反馈行为的类型，T_1 表示自然物理反馈，T_2 表示身体反馈，T_3 表示环境反馈，T_4 表示社会反馈。

定义 2　$PF=\{(PF_{11}, PF_{12}, \cdots, PF_{1p}), (PF_{21}, PF_{22}, \cdots, PF_{2q}), (PF_{31}, PF_{32}, \cdots, PF_{3r}), (PF_{41}, PF_{42}, \cdots, PF_{4s})\}$

其中，PF 表示物理世界的反馈行为集，PF_{11}～PF_{1p} 表示自然物理反馈类别下的具体反馈行为，PF_{21}～PF_{2q} 表示身体反馈类别下的具体反馈行为，PF_{31}～PF_{3r} 表示环境反馈类别下的具体反馈行为，PF_{41}～PF_{4s} 表示社会反馈类别下的具体反馈行为。

2. 关键反馈行为提取

利用层次分析法（Analytic Hierarchy Process，AHP）构造权重模型，进而提取最关键的反馈行为。

（1）构造成对比较矩阵。

邀请专家用户进行打分，其中，1 分代表第 i 个因素和第 j 个因素的影响相同；3 分代表第 i 个因素比第 j 个因素的影响稍强；依次类推，9 分代表第 i 个因素比第 j 个因素的影响绝对强；2 分、4 分、6 分、8 分表示第 i 个因素相对于第 j 个因素的影响介于两个相邻等级之间，构造成对比较矩阵示意如下：

$$\boldsymbol{a}=\begin{bmatrix} a_{11} & a_{12} & \dots & a_{1n} \\ a_{21} & a_{22} & \dots & a_{2n} \\ \dots & \dots & \dots & \dots \\ a_{n1} & a_{n2} & \dots & a_{nn} \end{bmatrix} \quad （其中，n=g+l+k+h）$$

（2）计算权向量并进行一致性检验。

计算每个成对比较矩阵的最大特征值及其对应的特征向量，利用一致性指标、随机一致性指标和一致性比率进行一致性检验。若检验通过，特征向量（归一化后）即为权向量；若检验未通过，需要重新构造成对比较矩阵。

首先，对矩阵进行归一化处理，对每一行求平均值，得到权重

$$\overline{W_1}=(W_{11},W_{12},W_{13},\cdots,W_{1n})$$

然后，计算一致性比率 CR（其中，$\mathrm{CI}=\dfrac{\lambda-1}{n-\lambda}$，$\mathrm{CR}=\dfrac{\mathrm{CI}}{\mathrm{RI}}$，$Bb=\lambda b$，RI 可通过查表得知），若 CR<0.1，说明原始矩阵一致。

（3）计算贡献权重。

分别计算其余专家的打分权重，并进行一致性检验，若得出的一致性比率均小于 0.1，证明权重有效，对 r 名专家的权重取平均值得出最终的影响因素权重模型为：

$$\overline{W}=\left(\frac{\sum_{i=1}^{r}W_{i1}}{r},\frac{\sum_{i=1}^{r}W_{i2}}{r},\cdots,\frac{\sum_{i=1}^{r}W_{in}}{r}\right)\quad(r\text{ 为专家个数})$$

3. 基于设计原则的 RBI 界面反馈设计

尽管 RBI 界面与之前的界面风格相比，尽可能多地借用了人类在物理世界的知识和经验，交互行为具有现实、直觉的特点，但它仍然受到软硬件及交互环境的限制，因此并不能完全地将物理世界的反馈行为直接照搬到用户界面中；另外，由于计算机的处理能力日益提高，许多在物理世界中无法体现的反馈行为在 RBI 界面中能够“超现实”地实现，因此如何将物理世界中的反馈行为通过合理的原则转化到 RBI 界面中是研究的关键。本节结合传统的设计方法，充分考虑 RBI 界面的特点，以现实层级框架为基础，提出了 RBI 界面的反馈设计原则，反馈设计原则 FP 表示如下：

定义 3 FeedbackDesign_Principle=(P_Principle, B_Principle, E_Principle, S_Principle, O_Principle）

其中，FeedbackDesign_Principle 表示反馈设计原则。

P_Principle 表示自然物理反馈设计原则。随着计算机引擎的性能越来越强大，可以更真实地模拟现实世界的自然物理，包括力、惯性、加速度、质量、动量等。在设计 RBI 界面系统时，应尽可能地还原现实世界的属性，即物与物、物与环境的反馈。

B_Principle 表示身体反馈设计原则。在现实世界中触觉反馈几乎无处不在，例如，踢足球时运动员可以感受足球和身体的触碰，并能通过改变力的大小控制距离。但目前 Kinect、头戴式 3D 显示器等常见的交互设备很难支持触觉反馈，因此应通过合理的反馈替代机制将触觉通道转化到其他的通道方式，减小用户因失去触觉反馈而造成的风险。在设计时要根据设备媒介的通道特征，合理地转化通道。

E_Principle 表示环境反馈设计原则。大自然的环境包括风、云、雨、雷等元素，这些元素无形无色，人对自然元素的感知也大多通过视觉、听觉、触觉进行感知。在设计环境反馈时，应模拟声音的环绕效果，并配以视觉呈现。

S_Principle 表示社会反馈设计原则。RBI 风格不仅使用户体验更加自然，还意味着体验的乐趣，因此适当的情感反馈可以激励用户。在设计 RBI 界面系统时，当用户成功地克服了困难，或者取得了一定的成果时，可以通过视听通道给予正面的激励，让用户能够快速发现愉悦的交互行为。这种反馈在物理世界中并不存在，属于一种超现实的反馈行为，合理的超现实反馈对于 RBI 界面往往起到意想不到的效果。

O_Principle 表示其他可优化系统的反馈设计原则。反馈的连贯性是至关重要的，及时的反馈不仅可以告知用户系统正在响应，也会模糊现实和虚拟之间的界限。反馈的缓冲要流畅，不能突然消失或出现，要以满足用户的意图为目标，而不应该被现实世界的行为和媒介所束缚。

现实物理世界的反馈行为经过权重计算提取关键反馈行为后，应用本设计原则，能够实现 PF 到 RF 的映射，从而完成 RBI 界面的反馈设计。

3.2.4　Flying Kite：基于 RFDM 的应用实例

RFDM 可以指导各种 RBI 界面的反馈设计和实现。本节通过介绍一个应用实例——放风筝体感游戏 Flying Kite，来说明 RFDM 的特性。本游戏运行于 Kinect 体感设备上，采用 Unity 3D 作为游戏引擎。

1．现实放风筝活动中的反馈行为分析

在设计这款放风筝游戏之前，首先要确定在现实物理世界中的放风筝活动具有哪些反馈行为。将这些反馈行为归类后代入定义 2，得到：

PF={[风对风筝的阻力，障碍物对风筝的冲力，风筝的重力，线对风筝的拉力]，[线轴转速，线的松紧度，风筝的大小]，[人对风的感知，人对地面的感知]，[旁观者对输出者的评价，人的心理变化]}

其中，风对风筝的阻力、障碍物对风筝的冲力、风筝的重力、线对风筝的拉力这 4 项属于自然物理反馈类别下的反馈行为；线轴转速、线的松紧度、风筝的大小这 3 项属于身体反馈类别下的反馈行为；人对风的感知、人对地面的感知这 2 项属于环境反馈类别下的反馈行为；旁观者对输出者的评价、人的心理变化这 2 项属于社会反馈类别下的反馈行为。

2．关键反馈行为提取

本次实验邀请了 3 名游戏设计专家进行打分，通过权重计算方法得出第一名专家评价的影响因素权重 W_1=(0.159, 0.114, 0.014, 0.152, 0.098, 0.279, 0.036, 0.077, 0.017, 0.019, 0.035)，计算出一致性比率 CR=0.09<0.1，说明原始矩阵一致，结果有效。

分别计算 3 名专家的打分权重，并进行一致性检验，得出一致性比率 CR

分别为 0.08、0.09、0.09，都小于 0.1，通过一致性检验，证明权重有效。对权重取平均值，最后得到的影响因素权重分布如图 3.3 所示。

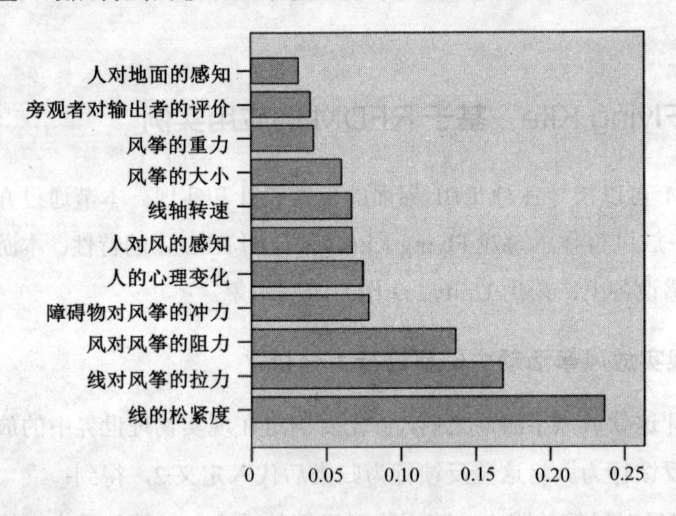

图 3.3　放风筝反馈行为的权重

我们可以根据该权重模型，判定放风筝系统中反馈行为设计的优先级。由图 3.3 可知，线的松紧度、线对风筝的拉力、风对风筝的阻力属于第一优先级，必须要在游戏中体现出来；障碍物对风筝的冲力、输出者的心理变化、人对风的感知、线轴转速、风筝的大小属于第二优先级，设计师可以根据自己的经验决定该不该将其体现在游戏中；风筝的重力、旁观者对输出者的评价、人对地面的感知属于最不重要的层级，在游戏设计中，可以考虑不加入这类反馈行为。

3．Flying Kite 反馈设计

在确定了反馈行为的权重模型后，依据反馈设计原则，针对 Kinect 交互设备的特点，设计了放风筝体感游戏 Flying Kite。用户上抬右臂，做出放线动作，风筝即可向上飞；来回交替左右手，做出收线动作，风筝即可向下飞；做出向右拉线的动作，风筝即可向右飞；做出向左拉线的动作，风筝即可向左飞。用户界面及使用场景如图 3.4 和图 3.5 所示。

图 3.4　Flying Kite 系统界面

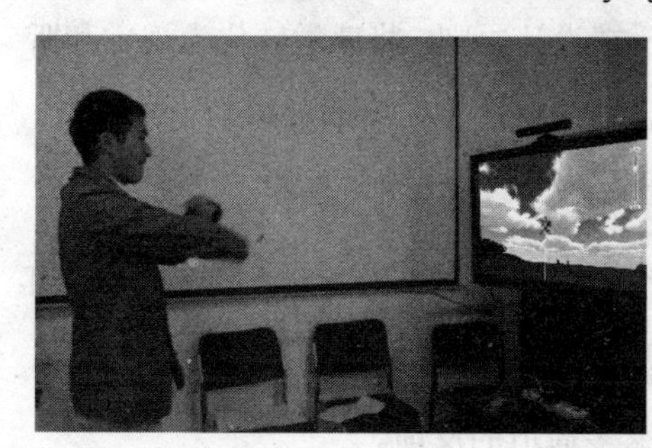

图 3.5　用户使用场景

Flying Kite 系统包含 6 种最重要的反馈行为。

- 线的松紧度。在现实世界里，人通过视觉和触觉通道感受线的松紧度变化；在虚拟放风筝游戏中，根据身体反馈设计原则，将触觉反馈转化为视觉反馈，通过线松和线紧的状态，配合一些图形模拟出触觉反馈达到的效果，如设计一个进度条（见图 3.4 右上角）提示玩家风筝线的松紧变化。
- 线对风筝的拉力。拉力是自然物理中存在的一种现象，根据自然物理设计原则，需要模拟经典力学，通过计算手臂运动的快慢，及时模拟拉力的大小不同给风筝运动造成的影响。例如，玩家交替左右手动作越快，代表其用力越大，风筝运动也就越快，松紧度进度条的滑块就越靠下。

- 风对风筝的阻力。根据环境反馈设计原则，将风设计为有形的，风的形状越大、运动越快，代表风力越大，风筝受到的阻力就越大，进而造成松紧度的变化，提示玩家放线。
- 障碍物对风筝的冲力。为了增加游戏的挑战性，在 Flying Kite 中，玩家需要控制风筝躲避障碍物，当障碍物撞击到风筝时，及时让玩家感觉风筝受到冲力的作用。
- 输出者的心理变化。根据社会反馈设计原则，将感觉转化为视觉和听觉，当玩家将风筝飞上天空时，适当地给予玩家叫好声和文字提示，使玩家产生愉悦的感受。
- 人对风的感知。根据环境反馈设计原则和身体反馈设计原则，不仅可以通过树叶的飘动、草地的飘动、云的变化等视觉因素带给玩家感知，还可以模拟风的声音，给予玩家多通道的反馈。

3.2.5 对比实验

为了验证反馈设计方法的有效性，本节构造了一个对比实验，用于评估该方法对 RBI 界面设计的效果。

对比实验设计如下：为被试者提供了两种基于 Kinect 体感交互的放风筝系统，一种是基于反馈设计方法构建的 Flying Kite 系统，另一种是基于传统 Kinect 游戏设计方法构建的 K-Kite 系统。在 K-Kite 系统中，仅保留了传统 Kinect 游戏中的方向操作和必要的视觉反馈，去除了风和草地的变化、风筝的自然物理属性、部分的自然声音等自然反馈行为。

由于 RBI 界面的特点是用户体验更加自然，具体表现为用户在使用过程中学习成本低，挫折感小，愉悦度高。因此基于 RBI 界面的特点，结合传统可用性标准及游戏性设计评估标准[9,10]，对此实验采用主客观结合的方法，选择任务完成率、出错频度、易学性、愉悦度和自然度作为重要的评估指标，实验将分别记录被试者使用两种系统进行体验的评估数据，并对数据进行统计和分析。

1. 被试者及设备

本次实验共招募了 8 名被试人员，包括 3 名男生、5 名女生，年龄分布为 18～30 岁，均为右手主导手。为尽量保证所有被试者在同一经验程度范围内，所有被试人员在近三年内都有放风筝经历且以往有独立成功放飞风筝经历。

本实验使用了微软 Kinect 深度摄像头和一个 18.5 英寸的显示屏。显示屏分辨率为 1366 像素×768 像素，深度摄像头能够记录用户的手势。

2. 实验任务

在本实验中，通过放风筝任务来探索在不同系统中进行操作的用户体验。被试者将在大屏幕上看到数字化的风筝，要求被试者通过自己的肢体动作控制风筝的运动，并将风筝放飞到指定高度 60 米（屏幕左上角显示高度提示）。

3. 实验设计及过程

本实验采用被试内设计（又称重复计量设计、组内设计），为避免系统操作顺序对最终结果的干扰，实验采用拉丁方设计，8 名被试人员随机均分为两组。第一组被试人员先使用 Flying Kite 系统，后使用 K-Kite 系统完成实验任务；第二组被试人员先使用 K-Kite 系统，后使用 Flying Kite 系统完成实验任务。在实验开始前，被试人员有 3 分钟的时间进行练习。对于每名被试人员，实验共持续约 15 分钟。在任务间隙被试人员有 5 分钟的休息时间。

在实验过程中，实验记录员记录被试人员完成任务的客观指标，即任务完成率与出错频度。其中，任务完成率定义为完成任务的用户所占的百分比，出错频度定义为被试者执行某个任务过程中发生错误的次数[9]。当实验完成后，将调查问卷发放给被试人员，被试人员对易学性、愉悦度、自然度等主观指标进行打分，问卷采用 9 分量表，其中，1 分为最差，9 分为最好。

4．实验结果

在使用传统 Kinect 游戏设计方法构建的 K-Kite 系统中，有一名被试者选择放弃，任务未成功完成。因此，在 K-Kite 系统中，任务完成率为 90%。而在使用反馈设计方法构建的 Flying Kite 系统中，所有被试者均成功完成了任务，任务完成率为 100%。

如图 3.6 所示，在成功完成任务的 7 名被试中，使用 Flying Kite 和 K-Kite 系统的平均出错频度分别为 0.43 和 2，平均易学性分别为 6.86 和 4.86，平均愉悦度分别为 6.71 和 3.71，平均自然度分别为 6.86 和 3.43。配对 T 检验显示，Flying Kite 系统的出错频度显著低于 K-Kite 系统（$t=-3.27$，$P=0.017$），Flying Kite 系统的易学性显著高于 K-Kite 系统（$t=9.17$，$P<0.001$），Flying Kite 系统的愉悦度显著高于 K-Kite 系统（$t=13.75$，$P<0.001$），Flying Kite 系统的自然度也显著高于 K-Kite 系统（$t=9.30$，$P<0.001$）。

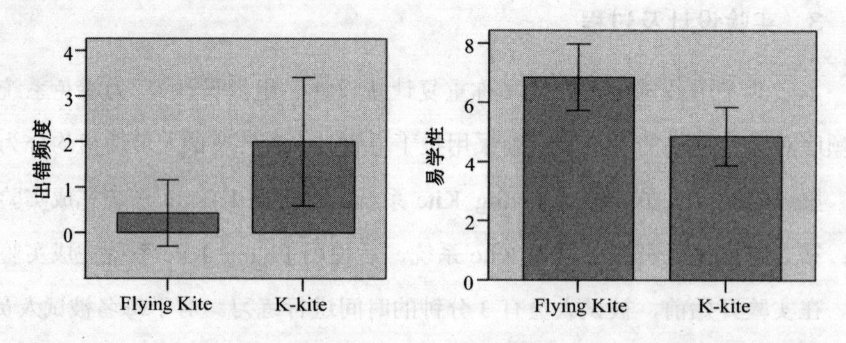

图 3.6　Flying Kite 和 K-Kite 系统的出错频度、易学性、愉悦度和自然度

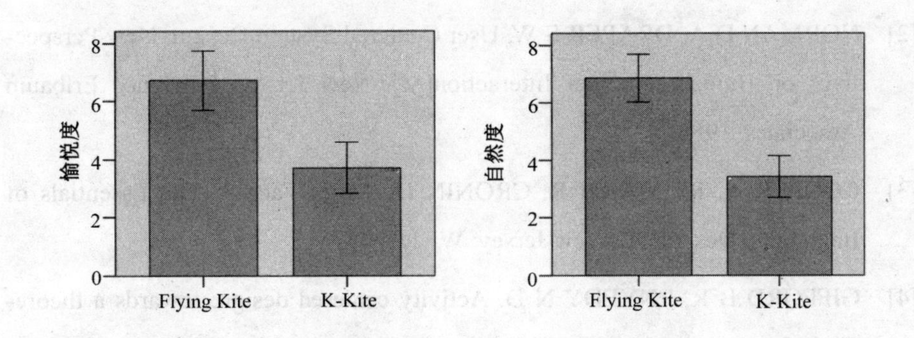

图 3.6　Flying Kite 和 K-Kite 系统的出错频度、易学性、愉悦度和自然度（续）

5．实验讨论

通过对比实验结果的分析发现，在使用传统 Kinect 游戏设计方法构建的 K-Kite 系统中，有 1 名被试者选择放弃，出错频度平均为 2，易学性平均打分为 4.86；而在使用 RFDM 构建的 Flying Kite 系统中，所有被试者都顺利完成了任务，出错频度平均为 0.43，易学性平均打分为 6.86。这说明利用 RFDM 构造的用户界面能够使用户的挫败感更小、学习成本更低。

在愉悦度和自然度方面，我们也发现被试者对 Flying Kite 系统的评分要明显高于 K-Kite 系统，这说明 RFDM 可以使用户界面更加自然，同时可显著提升用户的愉悦度。

综上所述，可以得出结论，基于 RFDM 进行反馈设计，可以显著地提升人机系统的用户体验，使 RBI 界面的优势得到充分体现。

参考文献

[1]　吕菲，张惠乔，侯文军，等. 基于真实感框架的自然用户界面反馈设计方法[J]. 北京邮电大学学报（社会科学版），2015, 17(3): 14-21.

[2] NORMAN D A, DRAPER S W. User Centered System Design: New Perspectives on Human-computer Interaction[M]. New Jersey: Lawrence Erlbaum Associates, 1986.

[3] COOPER A, REIMANN R, CRONIN D. About Face 3: The Essentials of Interaction Design[M]. New Jersey: Wiley, 2007.

[4] GIFFORD B R, ENYEDY N D. Activity centered design: towards a theoretical framework for CSCL[C]//Proceedings of the 1999 conference on Computer support for collaborative learning. Palo Alto, California. 1150262: International Society of the Learning Sciences, 1999: 22.

[5] NIELSEN J, HACKOS J A T. Usability engineering[M]. Academic Press San Diego, 1993.

[6] MAO J-Y, VREDENBURG K, SMITH P W, et al. The state of user-centered design practice[J]. Communication of the ACM, 2005, 48(3): 105-109.

[7] MAO J-Y, VREDENBURG K, SMITH P W, et al. User-centered design methods in practice: a survey of the state of the art[C]//Proceedings of the 2001 conference of the Centre for Advanced Studies on Collaborative research. Toronto, Ontario, Canada. New York: ACM Press, 2001: 12.

[8] JOKELA T, IIVARI N, MATERO J, et al. The standard of user-centered design and the standard definition of usability: analyzing ISO 13407 against ISO 9241-11[C]//Proceedings of the Latin American conference on Human- computer interaction. Rio de Janeiro, Brazil. New York: ACM Press, 2003: 53-60.

[9] WILLIAMS A. User-centered design, activity-centered design, and goaldirec- ted design: a review of three methods for designing web applications[C] //Proceedings of the 27th ACM international conference on Design of communication. Bloomington, Indiana, USA. New York: ACM Press, 2009: 1-8.

[10] DE TROYER O, LEUNE C J. WSDM: a user centered design method for Web sites[J]. Computer Networks and ISDN Systems, 1998, 30(1): 85-94.

[11] SMAILAGIC A, SIEWIOREK D. User-centered interdisciplinary concurrent system design[J]. IBM Systems Journal, 1999.

[12] SIEWIOREK D P, SMAILAGIC A. User-centered interdisciplinary design of wearable computers[M].//Julie A J, Andrew S. The human-computer interaction handbook. New Jersey: Lawrence Erlbaum Associates, 2003: 635-655.

[13] KANKAINEN A. UCPCD: user-centered product concept design[C]//Proceedings of the 2003 conference on Designing for user experiences. San Francisco, California. New York: ACM Press, 2003: 1-13.

▶第 4 章

基于运动模型的交互技术

在现实层级框架中，身体意识和技能层级是重中之重。通过对该层级的研究，可以充分利用人类在现实世界中的自然运动行为，弥补人机交互过程中面临的执行阶段和评估阶段的两大鸿沟。为了充分利用人类对身体控制和协调能力的经验，本章分别探索了笔尾手势[1]和手臂伸展（Stretching）手势[2]的用户绩效表现，进一步理解人类的运动能力和限制，从而为相应的交互技术设计提供指导。本章还介绍了基于笔交互的 Tilting-Twisting-Rolling 技术[3]，通过笔姿势识别和可视化技术创建一个虚拟圆规，用于帮助用户以连贯的动作构造精确的几何图形。

4.1　基于运动模型的笔尾手势交互技术

笔交互是基于现实的交互界面中非常重要的一种形式。笔手势在许多笔交互应用中都有广泛的使用，如文本编辑、3D 建模、草图界面等。为了提高笔输入方式的直观性和灵活性，本节介绍了基于运动模型的笔尾手势[1]，允许用户使用笔尾轨迹在 3D 空间进行手势输入。

笔尾手势是一种与笔尖独立的交互通道，在用户使用笔尖做主要任务的同时，可以再通过笔尾来执行次要的交互任务。为了理解笔尾手势的意义和限制，本节通过用户访谈和实验构建用户的运动模型。在运动模型的基础上，进一步探索笔尾手势交互技术的设计空间。

4.1.1　背景

由于人类的运动能力研究对用户界面有着非常重要的意义，研究者们进行了许多探索。1954 年 Fitts 就对指点任务进行用户绩效研究，得出了任务难度和运动时间的关系公式 Fitts' Law[4]。Zhai 和 Accot 借鉴 Fitts 的思路，针对基于轨迹的交互任务进行用户绩效研究，通过大量实验得出了 Steering Law[5]，并对其进行了扩展研究[6]。近年来，国内外在用户绩效研究方面也有一定发展，中科院软件所对笔的倾斜运动进行用户绩效研究，成果发表在 2008 年的 ACM CHI 年会上[7]；ACM UIST 2008 上 Bi 对笔转动的用户绩效进行探索[8]，这些研究虽然未能形成数学法则，但对于用户运动能力的理解依然具有重要的参考意义。目前，肢体交互和以笔交互为代表的触控交互被列为未来最重要的研究方向[9]。针对笔交互的运动建模成为一项重要的研究内容。

在笔交互应用中，一个笔画可以根据特定的情况被映射为不同的操作，例如，将笔画映射为一个特定的命令、一个相关的运算，或者在必要的情况下映射为某一具体的参数[10]。研究表明，用户认为笔手势具有功能强大、高效和宜于使用的特点[11]。随着手写设备的不断发展，笔手势将在人们的日常交互中扮演更重要的角色。

为了提高使用笔手势的用户绩效，研究者们在识别算法[10, 12, 13]、可学习性和可记忆性[14]，以及关于人类表现的定量模型[15, 16]等方面做了许多研究工作。Rubine[10]、Wobbrock 等致力于研究高精度的手势识别器[13]。Long 等通过用户研究调研手势的相似度，进而分析笔手势的可学习性（Learnablity）和可记忆性（Memorability）[14]。Isokoski 提出了一个预测手势生成时间的线段模型[16]。Cao 提出了用户绩效的定量模型 CLC，用来预测在一定误差约束内的单笔手势生成时间[17]。Zone Menu 和 Polygon Menu 是多笔画 Marking Menu 的两个新变种，考虑了笔画的相对位置和方向[18]。还有一些研究者关注 3D 笔手势，如 3-Draw 系统[19]和 CavePainting[19]。这些工作使得笔手势在系统应用的层面更加有效，但是笔手势工具在交互设计的层面仍然面临挑战。笔尖的功能过载可能导致许多界面组件的高模态化设计，即一个界面组件承载多种模态的功能。为了解决这个问题，研究人员已经开始探索使用笔的其他维度信息进行输入。然而，如何增加笔的交互带宽仍然是一个值得关注的研究点。

目前，新型数字笔不仅能够提供笔尖的二维位置信息，还能够提供其他交互通道信息。一些研究已经将数字笔的压感（Pressure）信息[20, 21]、悬停（Hover）信息[22]、转动（Rolling）信息[8]、倾斜（Tilting）信息[7, 23]等用于交互组件设计中。笔迹输入和手势命令是用户进行笔交互的两个主要模式，用户需要在两个模式间频繁切换。Li 等调研了五种模式切换的交互技术，包括一种允许进行隐式切换的基于压感的技术[24]。Saund 等提出了一种推断模式，通过用户输入的笔迹和上下文推断用户意图[25]。还有其他研究探索了选择—行动模式[26]、命令合并及直接操作[27]。Bi 等利用笔身的转动信息（沿着笔身的轴向转动）支持对象旋转、多参数输入和模式选择等交互任务[8]。Suzuki 等用加速度计检测笔的摇动（Shaking）姿态（沿着笔身的轴向上下运动），进行颜色选择及颜色面板的开关切换[28]。Tilt Cursor 和 Tilt Menu 利用了笔身的倾斜信息[7, 23]。Tilt Cursor 是一种能够根据笔身的倾斜信息动态地呈现光标的交互技术；Tilt Menu 支持利用笔尾的倾斜信息来选择菜单，可支持单手操作。基于笔尾手势的工具可以让笔的运动更加灵活，也可以增加交互的可能性。

为了扩展笔输入通道，本节提出了笔尾手势，允许用户使用笔尾轨迹在 3D 空间进行手势输入。如图 4.1 所示，用户在使用笔尖绘图（黑色三角形）的同时，使用笔尾在 3D 空间中做笔尾手势（灰色弧线代表笔尾的运动轨迹，黑色弧线示意了笔尾轨迹在屏幕表面的 2D 投影）。基于对有笔交互使用经验的从业者的访谈结果，构造了一系列用户实验来区分有意和无意笔尾手势；通过对实验数据的分析和讨论，深入理解笔尾手势的基本运动行为，获取笔尾运动的基本参数，包括 Tilting 速度和幅度、Panning 速度和幅度等；最后提出了设计建议。

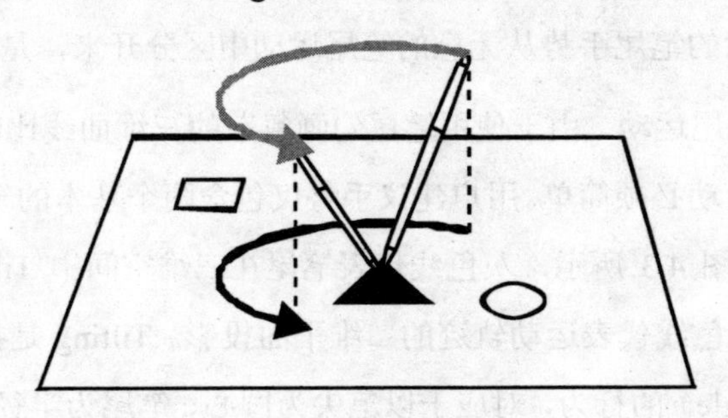

图 4.1　笔尾 Tilting

4.1.2　用户访谈

为了进一步探索笔尾手势，对 12 名 UI 设计师和研究人员进行访谈，从用户访谈中获得初步的笔尾手势设计建议。这些受访者在日常工作中经常使用数字笔（例如，使用 Wacom 平板电脑）。为了帮助受访者对笔尾手势产生初步印象，要求他们通过移动笔尾来完成 12 个手势，每个手势重复 3 次。这些手势是从现有的笔手势系统中选出的，包括微软的 Windows XP 平板电脑、SILK[29]、Tivoli[30]、Apple Inkwell™、Newton™、Mindjet Mindmanager™等，如图 4.2 所示。

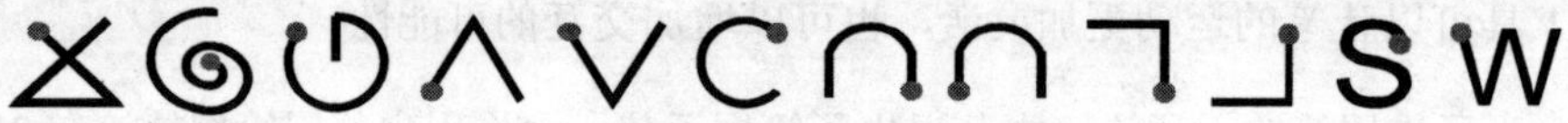

图 4.2　访谈中使用的 12 个手势

通过访问受访者对笔尾手势的意见可知，大多数受访者对笔尾手势这种潜在的交互方法持积极的态度。他们表示，笔尾手势可以简化各种任务，如模式切换、拖放等。同时，他们还提供了下列笔尾手势的设计建议。

（1）区分有意和无意行为。在绘画或写作时，笔身的运动会带动笔尾的无意运动。将有意的笔尾手势从无意的笔尾运动中区分开来，是非常重要的。

（2）简化笔尾运动。由于使用笔尾勾画复杂的三维曲线比较困难，所以笔尾手势涉及的运动必须简单。用户建议手势仅包含两个基本的笔尾动作：Tilting 和 Panning。如图 4.3 所示，灰色线代表笔尾在三维空间中 Tilting 和 Panning 的运动轨迹，黑色线代表运动轨迹的二维平面投影。Tilting 是指改变笔的高度角（Altitude Angle）的行为，对应于以笔尖为圆心、笔尾为半径的虚构半球中，对应沿经度线的跨度；Panning 是指改变笔的方位角（Azimuth Angle）的行为，对应于虚拟半球中沿纬度线的跨度。另一个相关的建议是，为了提高动作的易学性和准确性，Tilting 和 Panning 动作的方位角应该被限定为一些固定值。

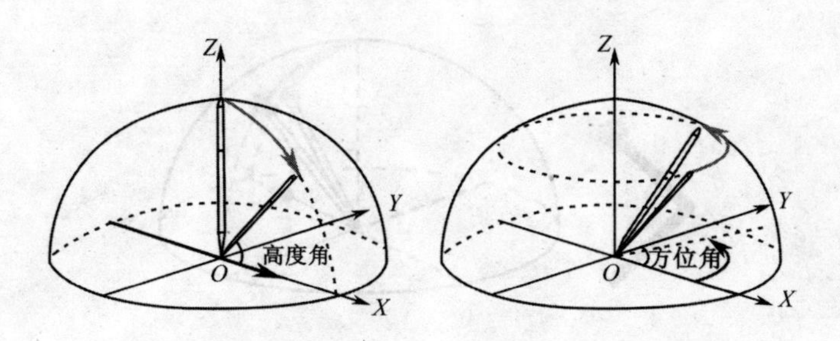

图 4.3　Tilting 和 Panning

（3）考虑自然握笔姿势。受访者提到，对于一个给定的 Tilting 或者 Panning 动作，准确的空间方位是很难控制的。所以，在使用笔尾手势时，用户不需要关心手势的空间位置，只需要确定手势的角度轨迹是有效的即可。另外，由于人们的日常书写习惯，人们可以很容易地记住并做出自然持笔姿势时笔的方向。受访者建议自然持笔时的方位角应作为一个有效的 Tilting 方向，他们还指出 Tilting 手势应该避开自然持笔时手自然倾斜的方向（见图 4.4），因为沿这个方向很难继续做 Tilting 动作了。

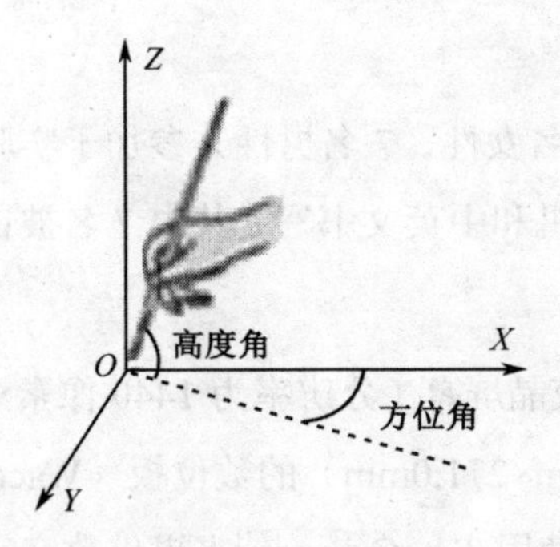

图 4.4　握笔姿势

（4）匹配笔尾手势与二维笔手势。一些受访者表示，三维笔尾手势和现有的二维手势之间的一对一匹配能够帮助他们学习和记忆笔尾手势（见图 4.5）。

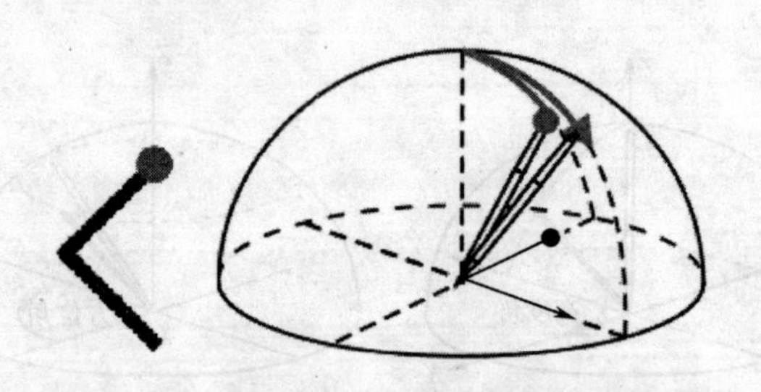

图 4.5　二维笔手势和与之匹配的笔尾手势

4.1.3　实验一：无意笔尾运动和自然握笔角

为了识别笔尾手势，需要区分用户的笔尾运动是有意做出的笔尾手势，还是被笔尖运动带动的无意笔尾运动。本节主要关注以下两个方面：探索无意笔尾运动的各项参数，给出区分无意笔尾运动和有意笔尾手势的临界阈值；同时，探索日常笔操作的自然握笔姿势，给出自然握笔的方位角和高度角。

1．被试者和设备

12 名被试人员（5 名女性、7 名男性）参加了实验。所有被试人员都是右手使用习惯，熟悉计算机和中英文书写，其中 7 名被试人员具有笔交互系统使用经验。

实验使用 19 英寸液晶屏幕（分辨率为 1440 像素×900 像素）、一个 6.26 英寸×10.68 英寸（158.8mm×271.0mm）的数位板（Wacom Intuos-3）、一支数字笔（13.8mm），同时还使用 Tilt Cursor[23]来提供数字笔的位置、高度角和方位角的反馈信息。

2．任务和过程

通过三项任务来探索在笔尖运动过程中无意笔尾运动的属性。这三项任务分别是自由绘图（Freeform Drawing，FD）、描线（Line Tracing，LT）、书写（Writing，WR）。这三项任务类型涵盖了主要的笔交互形式。要求被试人员用他们日常的自然速度来完成这三项任务。

（1）自由绘图任务。

草图绘制是常见的笔交互任务，本节选择了 8 幅草图来引导用户进行自由绘图任务（见图 4.6）。这些草图包含不同类型及不同长度的笔画（直线、曲线、弧等）。

8 幅草图被提前打印在纸上，实验开始后发放给被试人员，8 幅草图的顺序随机。被试人员被告知需要参照这些草图在数位板上自由绘画。绘画的尺寸大小、笔画顺序等都不做具体要求。

图 4.6　自由绘图任务中的 8 幅草图

（2）描线任务。

本节设计描线任务的目的是简化表示基于轨迹的各种交互任务，如拖曳任务、菜单导航任务等。如图 4.7 所示，对于每个描线任务，屏幕上会显示一条线段，线段的两段有一个灰色的圆圈作为起点，一个黑色的圆圈作为终点。

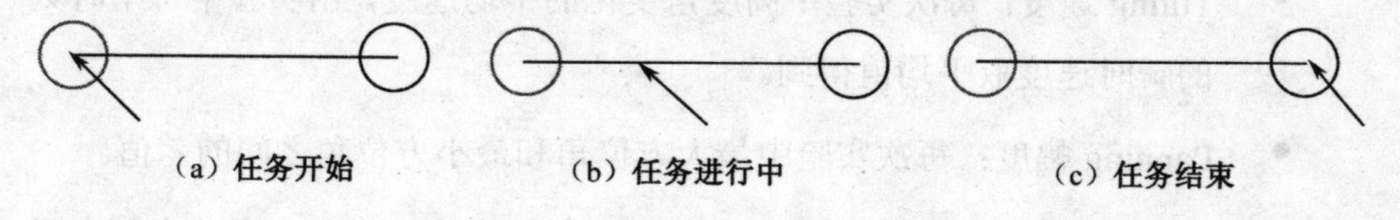

图 4.7　描线任务

要求被试人员从起点向终点方向沿给定线段用笔尖描线。研究使用的线段有 8 个方向（北、东北、东、东南、南、西南、西、西北）、4 种线长（50 像素—1.5 厘米、100 像素—3 厘米、200 像素—6 厘米、350 像素—10.5 厘米）。不同方向和线长的组合随机呈现。

（3）书写任务。

书写任务是指用笔尖誊写显示在屏幕顶部的语句。这个任务代表了典型的笔交互任务，如写作、记录笔记。被试人员按下屏幕上方的按钮来启动和结束书写任务。语句有两种语言：中文和英文；语句呈现的顺序随机。本实验提供了 8 个简单并且常见的语句（4 个英文语句、4 个汉语语句），如图 4.8 所示。被试人员可以很容易地书写这些句子。

Hello world.
Can I help you?
Goodbye, see you.
Could you please give me a book?
文章的语言很富感染力。
这是春天里的第一场雨。
一片树叶经不起雨水的拍打。
我喜欢没有风的下雨天。

图 4.8　书写任务中的 8 个语句

3. 测量数据

在每个实验中，收集下列测量数据。

- Tilting 幅度：每次实验中最大高度角和最小高度角之间的差值。
- Tilting 速度：每次实验中高度角变化的平均速度，由实验中每个时刻的瞬时速度取平均值得到。
- Panning 幅度：每次实验中最大方位角和最小方位角之间的差值。
- Panning 速度：每次实验中方位角变化的平均速度，由实验中每个时刻的瞬时速度取平均值得到。
- 自然握笔姿势：实验中笔尾的平均高度角和平均方位角。

需要指出的是，除了测量笔尾 Tilting 和 Panning 的平均速度外，还测量了笔尾 Tilting 和 Panning 的瞬时速度，这是区别有意/无意 Tilting 和 Panning 非常重要的属性。

4．实验设计

实验采用被试内设计，自由绘图、描线和书写这三项任务的顺序采用拉丁方进行平衡。每名被试共进行 112 次实验，包括 8 次自由绘画实验、96 次描线实验（4 种线长×8 方向×3 次重复）和 8 次书写实验（8 个句子：4 个中文句子，4 个英文句子）。在实验开始前，被试者有 5 分钟的时间进行练习。对于每名被试者，实验共持续约 20 分钟。在任务的间隙被试者有 2 分钟的休息时间。

5．实验结果

（1）有意 Tilting 和 Panning。

图 4.9（a）中显示了自由绘画、描线和书写三项任务的平均 Tilting 幅度（5.27°、4.86° 和 2.93°），以及它们的标准差。重复测量方差分析显示“任务类型”对 Tilting 幅度有显著影响（$F_{2,22} = 182.00$，$P < 0.001$）。两两比较（Pairwise Comparisons）表明，书写任务的 Tilting 幅度明显小于其他任务（$P < 0.001$），自由绘画任务和描线任务没有显著差异（$P = 0.02$）。

三项任务的平均 Tilting 速度分别为 29.24°/s、27.14°/s 和 37.64°/s［见图 4.9（b）］。重复测量方差分析显示“任务类型”对 Tilting 速度有显著影响（$F_{2,22}$=26.33，P<0.001）。两两比较显示，书写任务的 Tilting 速度明显快于其他任务（P<0.001），自由绘画任务和描线任务没有显著差异（P=0.32）。

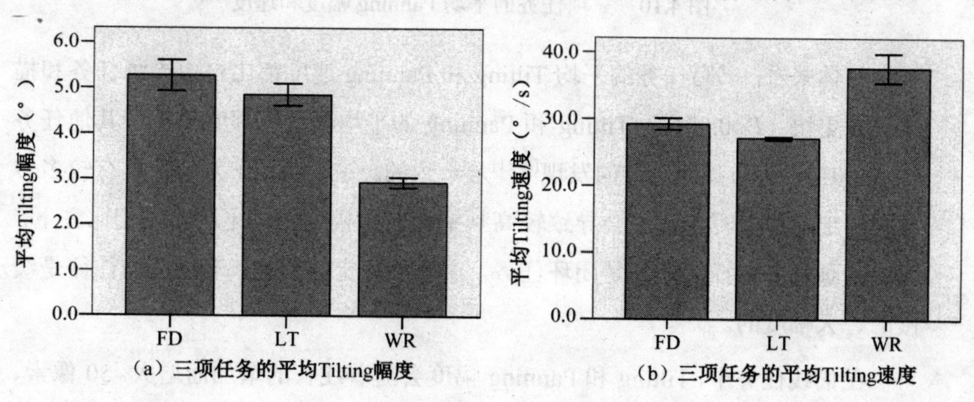

（a）三项任务的平均Tilting幅度　（b）三项任务的平均Tilting速度

图 4.9　三项任务的平均 Tilting 幅度和速度

三项任务的平均 Panning 幅度分别是 18.61°、12.93° 和 8.32°［见图 4.10（a）］。重复测量方差分析显示“任务类型”对 Panning 幅度有显著影响（$F_{2,22}$=182.41，P<0.001）。两两比较显示，书写任务的 Panning 幅度明显小于其他任务（P<0.001），描线任务的 Panning 幅度也明显小于自由绘画任务（P<0.001）。

三项任务的平均 Panning 速度分别为 41.73°/s、29.34°/s 和 77.65°/s［见图 4.10（b）］。重复测量方差分析显示“任务类型”对 Panning 速度有显著影响（$F_{2,22}$=55.01，P<0.001）。两两比较显示，书写任务的 Panning 速度明显快于其他任务（P<0.001），自由绘画任务和描线任务没有显著差异（P=0.06）。

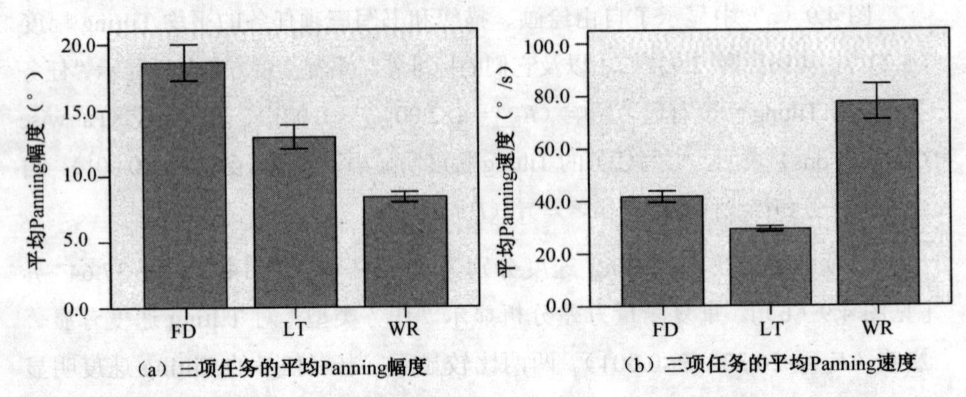

（a）三项任务的平均Panning幅度　（b）三项任务的平均Panning速度

图 4.10　三项任务的平均 Panning 幅度和速度

总体来看，书写任务的平均 Tilting 和 Panning 速度都比自由绘画任务和描线任务更快（P<0.001），Tilting 和 Panning 的平均幅度也都明显小于其他任务（P<0.001），这与其他研究的发现[8, 31]是一致的。这表明，作为一种具有较多转弯的精细动作，写作任务会导致较高频率和较小幅度的笔尾运动。相比之下，自由绘画任务和描线任务是闭环任务，需要更稳定的握笔，笔尾运动往往是缓慢的、大幅度的。

在描线任务中，Tilting 和 Panning 幅度会随着线长的增加而增大。50 像素、100 像素、200 像素和 350 像素的线长对应的 Tilting 幅度分别为 3.28°、5.72°、

7.72° 和 14.45° （$F_{3,33}$=102.07，P<0.001），对应的平均 Panning 幅度分别为 8.05° 、16.01° 、22.06° 和 25.82° （$F_{3,33}$=53.82，P<0.001）。同时，随着线长的增加，Tilting 和 Panning 速度会下降。四种线长的平均 Tilting 速度分别为 26.39° /s、27.52° /s、27.95° /s 和 34.00° /s（$F_{3,33}$=20.31，P<0.001）。四种线长的平均 Panning 速度为 27.78° /s、29.31° /s、33.09° /s 和 50.59° /s（$F_{3,33}$=53.82、P<0.001）。

本节还进一步分析了 Tilting/Panning 幅度和四项任务中笔画长度的关系。结果发现随着样本点到笔画起点距离的增加，笔尾 Tilting 幅度增大（皮尔逊相关系数 r=0.26，P<0.001），笔尾转动幅度也随之增大（皮尔逊相关系数 r=0.32，P<0.001）。

这些结果可能是由于被试者在画较长的笔画时需要调整握笔的姿势。我们还发现，随着当前样本点到笔画起点距离的增加，Panning 速度也随之增加（皮尔逊相关系数 r=0.019，P<0.001），但是 Tilting 速度和当前样本点到笔画起点距离的相关性并不显著（皮尔逊相关系数 r=0.002，P=0.55）。

（2）自然握笔姿势。

自然握笔姿势的考量包括握笔高度角和握笔方位角。自由绘画、描线和书写三种任务的平均高度角分别 53.77° 、52.43° 和 56.58° 。重复测量方差分析显示“任务类型”对平均高度角有显著影响（$F_{2,22}$=170.83，P<0.001）[见图 4.11（a）]。两两比较显示每项任务的平均高度角都与其他任务有显著差异（P<0.001）。

自由绘画、描线和书写三项任务的平均方位角分别是 25.30° 、32.17° 和 40.74° [见图 4.11（b）]。方差分析显示“任务类型”对平均方位角有显著影响（$F_{2,22}$=207.43，P<0.001）。两两比较显示每种任务的平均方位角都与其他任务有显著差异（P<0.001）。

本节还进一步分析了高度角/方位角和四项任务中笔画长度的关系。结果发现，随着样本点到笔画起点距离的增加，握笔姿势的高度角增大（皮尔逊相关系数 r=0.07，P<0.001），方位角也随之增大（皮尔逊相关系数 r=0.09，P<0.001）。

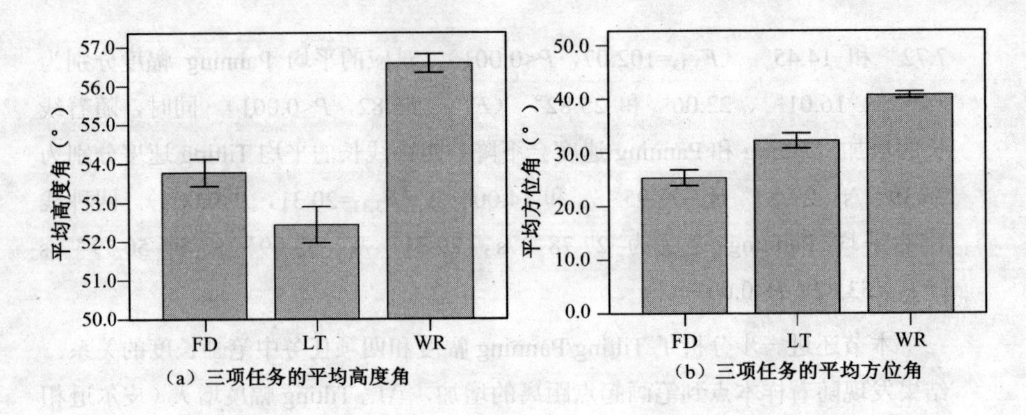

（a）三项任务的平均高度角

（b）三项任务的平均方位角

图 4.11　三项任务的平均高度角和平均方位角

6. 实验讨论

Tilting 幅度和速度的数据分布如图 4.12 所示。数据表明，99.70%的 Tilting 幅度实验数据小于 20°，99.99%的 Tilting 幅度实验数据小于 30°［见图 4.12（a）］。对于 Tilting 速度，分析表明，87.8%的 Tilting 速度实验数据小于 30°/s，90.2%的 Tilting 速度实验数据小于 35°/s［见图 4.12（b）］。

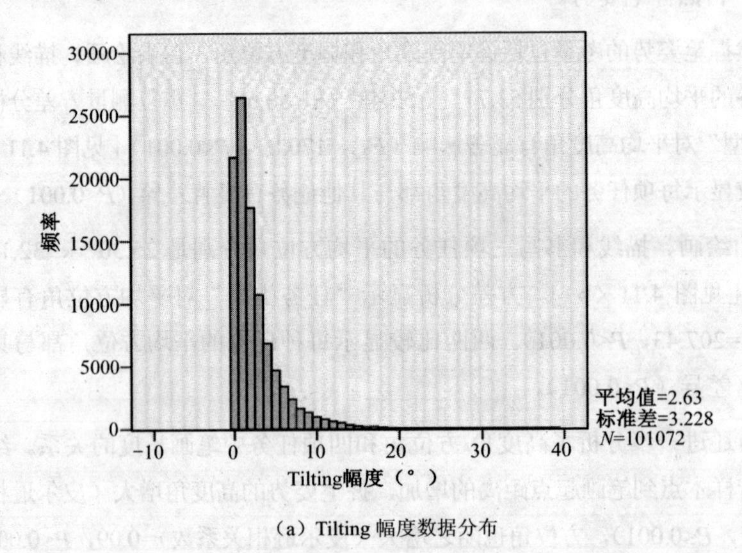

（a）Tilting 幅度数据分布

图 4.12　Tilting 幅度和速度数据分布

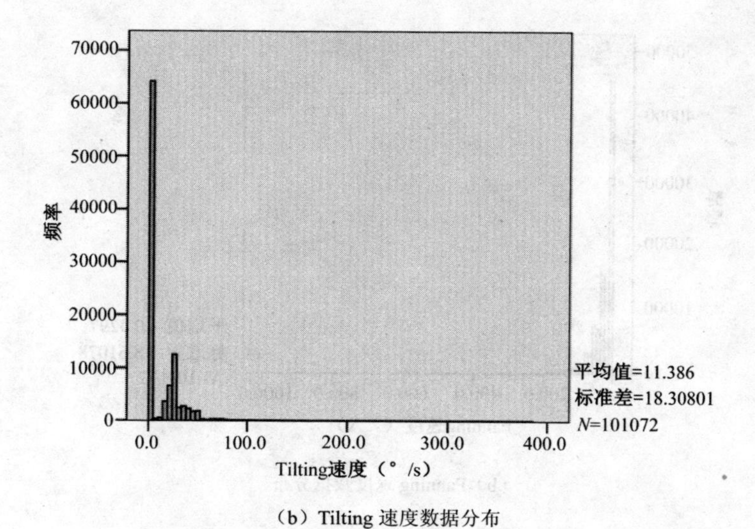

（b）Tilting 速度数据分布

图 4.12　Tilting 幅度和速度数据分布（续）

Panning 幅度和速度的数据分布如图 4.13 所示。对于 Panning 幅度，数据表明 88.08%的 Panning 幅度小于 30° ［见图 4.13（a）］。对于 Panning 速度，数据表明，84.4%的 Panning 速度小于 40° /s，89.1%的 Panning 速度小于 50° /s［见图 4.13（b）］。

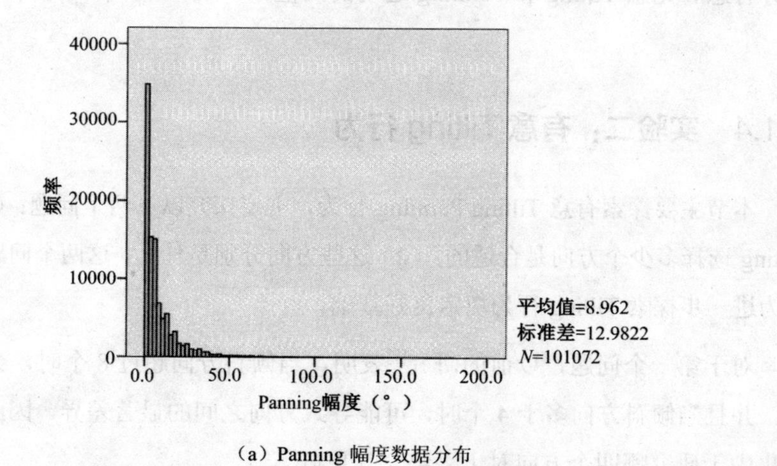

（a）Panning 幅度数据分布

图 4.13　Panning 幅度和速度数据分布

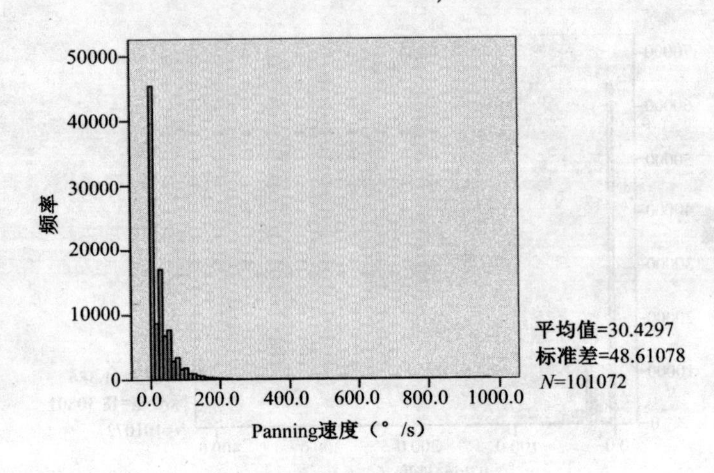

（b）Panning 速度数据分布

图 4.13 Panning 幅度和速度数据分布（续）

通过对无意笔尾运动的探索，结果发现在自由绘图、描线和书写这三项常见的笔交互任务中，笔尾的 Tilting/Panning 速度和幅度值都比较小，这说明用户在执行常规笔交互任务时笔尾的无意运动是不明显的。接下来，将进一步探索用户的有意 Tilting 和 Panning 行为。综合所有结果，我们最终将能够推断出区分有意和无意 Tilting 和 Panning 运动的阈值。

4.1.4 实验二：有意 Tilting 行为

本节主要探索有意 Tilting/Panning 行为，主要探究以下两个问题：（1）笔尾 Tilting 选择多少个方向是合适的；（2）这些方向分别是什么。这两个问题的答案将为进一步探索 Tilting 行为奠定良好基础。

对于第一个问题，以前的研究[7]表明，当倾斜方向超过 8 个时，会容易出错，并且当倾斜方向多于 4 个时，可能导致方向之间的显著差异。因此，本实验集中于研究哪四个方向对于手势交互更好。

1. 任务和过程

本节设计了 8 个方向（北、东北、东、东南、南、西南、西、西北）的 Tilting 任务来调查用户在有意 Tilting 时的表现。根据访谈的反馈，Tilting 和 Panning 动作应该易于学习并限制在若干个方向上，因此本节选择了这 8 个方向。应该注意的是，本实验中没有探讨倾斜幅度，这将在后面进行讨论。另外，本实验被试人员与无意笔尾运动实验相同。

Tilting 任务要求用户按照屏幕上显示的方向倾斜笔尾，任务中没有定义倾斜范围。实验要求被试者按照箭头所示方向，尽可能快地倾斜笔尾。任务开始时，被试者可以看到一个起始圆圈，和以圆圈为起点的箭头。起始圆圈为灰色，位于屏幕中央，半径对应的倾斜角度为 5°。被试者用笔尖接触手写板时，接触位置是没有限制的。

本节使用 Tilt Cursor[23]提供笔尾运动的反馈信息，因为它可以很容易地提供研究中所有必需的笔信息，而基于笔工具的其他现有光标不能提供。考虑到我们专注于笔尾手势，因此并没有专门针对笔尾探索新的光标设计。

当被试者的手写笔笔尖竖直接触手写板后，箭头形状的 Tilt Cursor 出现，提示用户当前的笔尾方向［见图 4.14（a)]，并且圆圈开始变为黑色［见图 4.14（b)]。在倾斜过程中，Tilt Cursor 的尾部始终指示笔的当前方位角［见图 4.14（c)]。当用户完成一次 Tilting 后，抬起笔尖，本次 Tilting 结束。在实验中，被试者不知道可能的倾斜方向的总数。

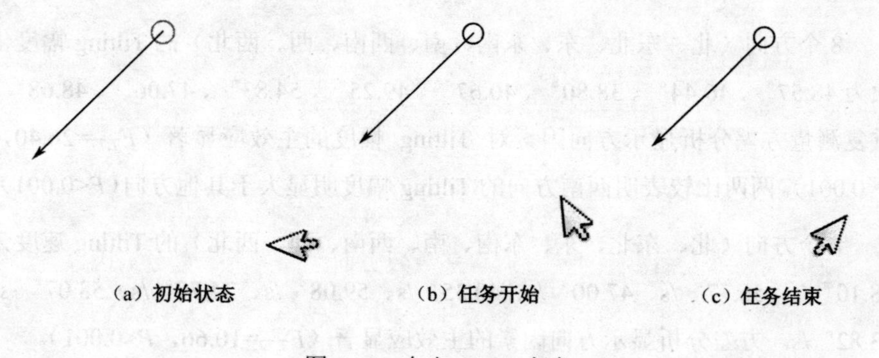

（a）初始状态　（b）任务开始　（c）任务结束

图 4.14　自由 Tilting 任务

2．测量数据

- 任务完成时间：在一次 Tilting 中，从圆圈变黑到笔尖离开手写板的时间。
- Tilting 幅度：在一次 Tilting 中，最大高度角和最小高度角的差值。
- Tilting 速度：在一次 Tilting 中，高度角改变的平均速度，由实验中每个时刻的瞬时速度取平均值得到。
- Panning 幅度：在一次 Panning 中，最大方位角和最小方位角的差值。
- Panning 速度：在一次 Panning 中，方位角改变的平均速度，由实验中每个时刻的瞬时速度取平均值得到。
- 笔尖移动距离：笔尖开始触碰手写板的位置到笔提起时所经过的距离。

3．实验设计

采用被试内设计，每个被试进行了 96 次实验，其中包括了 16 次练习和 80 次正式测试（10 次 × 8 个方向）。在实验开始前，每名被试者有 5 分钟的练习时间。每名被试者的正式实验持续约 15 分钟。

4．实验结果

8 个方向（北、东北、东、东南、南、西南、西、西北）的任务完成时间分别为 1.68s、1.52s、1.62s、1.67s、1.62s、1.48s、1.67s、1.66s。重复测量方差分析显示方向因素对完成时间的主效应不显著（$F_{7,77}$=0.99，P=0.44）。

8 个方向（北、东北、东、东南、南、西南、西、西北）的 Tilting 幅度依次为 48.57°、46.44°、38.80°、40.67°、49.25°、54.83°、47.06°、48.68°。重复测量方差分析显示方向因素对 Tilting 幅度的主效应显著（$F_{7,77}$=26.40，P<0.001）。两两比较表明西南方向的 Tilting 幅度明显大于其他方向（P<0.001）。

8 个方向（北、东北、东、东南、南、西南、西、西北）的 Tilting 速度为 58.10°/s、56.77°/s、47.00°/s、40.35°/s、59.08°/s、74.78°/s、58.07°/s、53.82°/s。方差分析显示方向因素的主效应显著（$F_{7,77}$=10.66，P<0.001）。

8 个方向（北、东北、东、东南、南、西南、西、西北）的 Panning 幅度依次为 95.60°、78.62°、78.27°、85.44°、130.01°、128.10°、105.87°、112.97°。方差分析显示方向因素的主效应显著（$F_{7,77}$=22.11，P<0.001）。

8 个方向（北、东北、东、东南、南、西南、西、西北）的笔尖平均移动距离依次为 0.10cm、0.10cm、0.11cm、0.11cm、0.12cm、0.12cm、0.11cm、0.11cm。方差分析显示方向因素对笔尖平均移动距离的主效应显著（$F_{7,77}$=1.16，P<0.04）。

进一步分析了 8 个方向笔尾轨迹的偏移量（运用最小二乘方拟合法）。8 个方向（北、东北、东、东南、南、西南、西、西北）的笔尾轨迹的偏移量分别为 0.10cm、0.12cm、0.13cm、0.14cm、0.11cm、0.15cm、0.11cm、0.16cm。方差分析显示方向因素对笔尾轨迹偏移量的主效应显著（$F_{7,77}$=3.98，P<0.001）。

5. 实验讨论

（1）Tilting 方向选择。

基于易于记忆和易于操作的原则，提供了两组 Tilting 方向组合，如图 4.15 所示。其中，选项 0 包括东、南、西、北 4 个方向，选项 1 包括西北、东北、西南、东南 4 个方向。本节针对这两个选项进行更深入的分析。

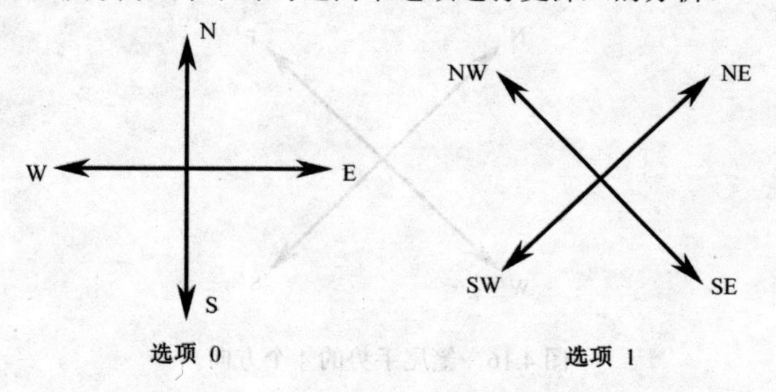

图 4.15　Tilting 方向的两个选项

选项 0 和选项 1 的任务完成时间分别为 1.65s 和 1.58s，两两比较显示两个选项的任务完成时间没有显著差别（P=0.23）。两个选项（选项 0 和选项 1）的平均 Tilting 幅度分别为 45.92° 和 47.61°，两两比较表明选项 0 的 Tilting 幅度要明显小于选项 1（P=0.03）。两个选项（选项 0 和选项 1）的平均 Tilting 速度分别为 55.57°/s 和 58.09°/s，两两比较表明两个选项的平均 Tilting 速度没有显著差别（P=0.23）。两个选项（选项 0 和选项 1）的平均 Panning 幅度分别为 102.40° 和 101.13°，两两比较表明两个选项的平均 Panning 幅度没有著显差别（P=0.71）。两个选项（选项 0 和选项 1）的平均笔尖移动距离都是 0.11cm，两两比较表明两个选项的平均笔尖移动距离没有显著差别（P=0.66）。

从上面的结论，可以看到两个选项的用户绩效表现是非常相似的。两个选项唯一存在显著差异的是 Tilting 幅度。选项 0 的 Tilting 幅度明显小于选项 1（P=0.03）。考虑到两个选项之间的平均完成时间没有太多差距，可以认为大的 Tilting 幅度对用户的绩效表现没有影响，不过大的 Tilting 幅度可以让有意/无意 Tilting 的区分更加明显（通常有意 Tilting 的 Tilting 幅度要大于无意 Tilting 的 Tilting 幅度）。根据无意笔尾运动实验中对用户自然握笔姿势的调研，选择了选项 1 作为笔倾斜手势，其中东南方向更接近用户日常握笔的方位角。为了简便起见，使用 N′、E′、W′、S′方向来替代 NW、NE、SW、SE，如图 4.16 所示。

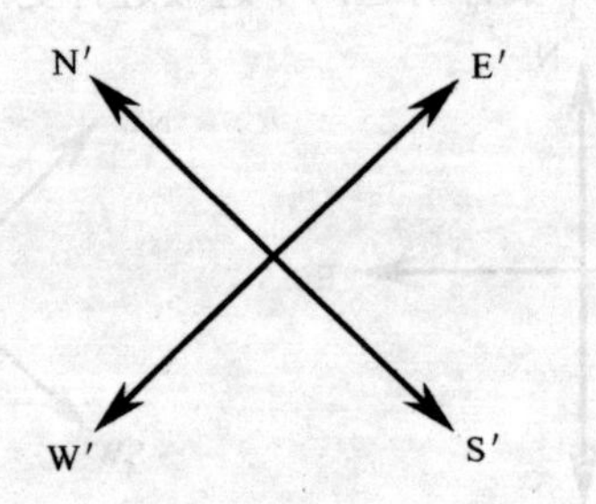

图 4.16　笔尾手势的 4 个方向

基于以上研究，定义 8 种（有意）Tilting，包括 4 个方向的往返运动；相似地，也定义了 8 种（有意）Panning，即在 4 个相邻方向间的正逆时针运动，如图 4.17 所示。

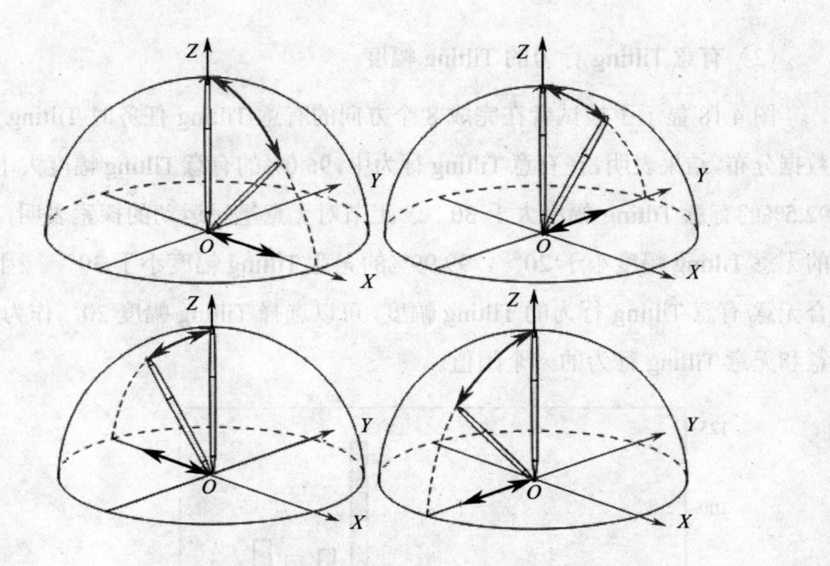

（a）四对 Tilting 运动（同一方向上往返运动为一对）

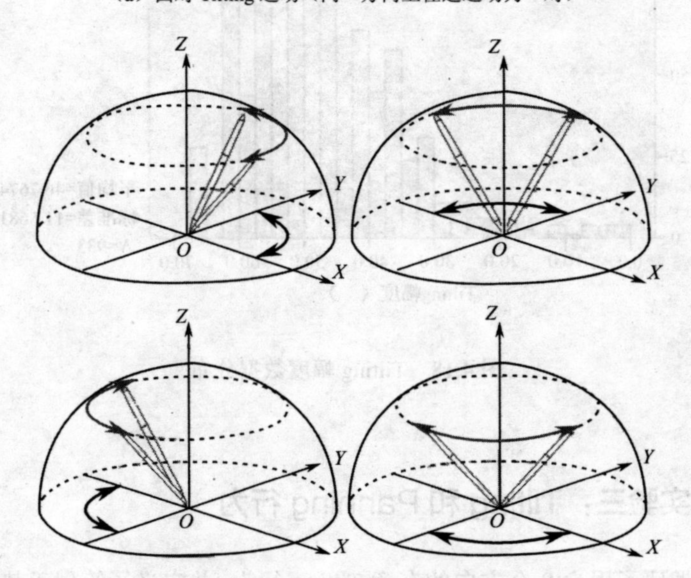

（b）四对 Panning 运动（同区域内正逆时针运动为一对）

图 4.17　笔尾的基本运动

（2）有意 Tilting 行为的 Tilting 幅度。

图 4.18 显示了被试者在完成 8 个方向的有意 Tilting 任务时 Tilting 幅度的数据分布。结果表明，在有意 Tilting 行为中，96.0%的有意 Tilting 幅度大于 20°，92.5%的有意 Tilting 幅度大于 30°。上节对无意笔尾运动的探索表明，99.7%的无意 Tilting 幅度小于 20°，99.99%的无意 Tilting 幅度小于 30°。因此，综合无意/有意 Tilting 行为的 Tilting 幅度，可以选择 Tilting 幅度 20°作为判定有意和无意 Tilting 行为的一个阈值。

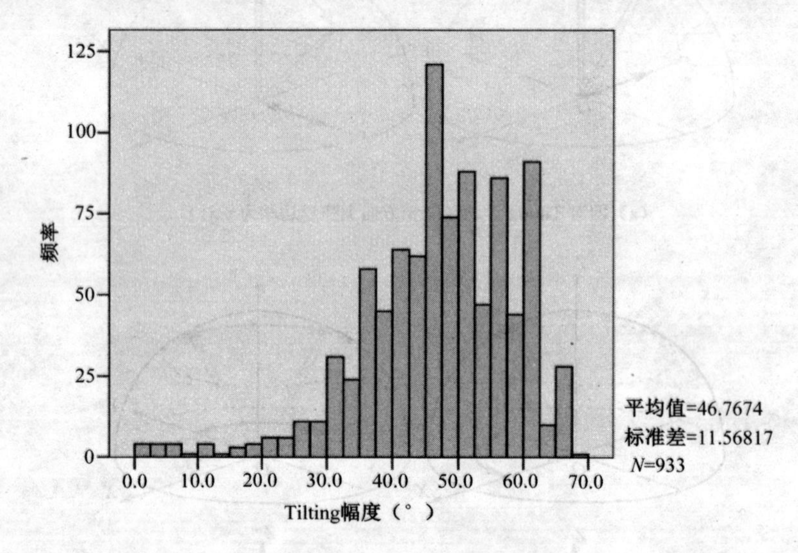

图 4.18　Tilting 幅度数据分布

4.1.5　实验三：Tilting 和 Panning 行为

上节调研了用户 8 个方向的有意 Tilting 行为，并定义了笔尾手势的 4 个方向和 16 个基本的笔尾运动。本节进一步调研笔尾 Tilting 和 Panning 的用户绩效表现，以及它们之间的相互影响。

1．被试和设备

12 名被试人员（8 名女性，4 名男性）参与了实验。所有被试人员都是右手使用习惯，并且熟悉计算机操作。其中，6 名被试人员具有笔交互系统的使用经验。本实验使用 19 英寸屏幕（分辨率为 1024 像素×768 像素）、一个 6.26 英寸×10.68 英寸（158.8mm×271.0mm）的数位板（Wacom Intuos-3）、一支数字笔（13.8cm），同时还使用 Tilt Cursor[7]来提供数字笔的位置、高度角和方位角的反馈信息。

2．任务和过程

本节设计了两个任务来调研用户 Tilting 和 Panning 的绩效表现。其中，Tilting 和 Panning 幅度使用了固定值，这是因为基于对用户行为的观察和前面实验的反馈，在实验中被试者画同样的笔尾手势时移动的幅度并不相同。一些被试者画的幅度大，而另一些被试者画的幅度小。在访谈中，被试者也指出，笔移动幅度因人而异，所以在定义笔手势时不应考虑这一参数。

（1）Tilting 任务。

Tilting 任务要求用户倾斜笔尾，使 Tilt Cursor 尾部接触目标弧，然后再倾斜笔尾使之回到起始位置。每一个任务都包含了往返 Tilting 运动。当任务开始时，屏幕上呈现一个开始圆圈和一个 90° 的弧线，圆圈和弧线都显示为灰色[见图 4.19（a）]。圆圈的半径规定为前文得出的无意 Tilting 的阈值 20°，而目标弧的半径是自然握笔时的平均高度角（53°）。

当被试者将数字笔竖直放于开始圆圈中后，出现 Tilt Cursor，且 Tilt Cursor 全部在开始圆圈内，开始圆圈变黑[见图 4.19（b）]。随着笔尾的倾斜，Tilt Cursor 逐渐变长，它的长度提示笔尾 Tilting 幅度，它的方向提示笔尾 Tilting 方向[见图 4.19（c）]。当 Tilt Cursor 的尾部接触到目标弧时，目标弧变黑，显示一次向外 Tilting 运动结束[见图 4.19（d）]。接下来，开始圆圈和目标弧再次变为灰色，提示被试者立即将 Tilt Cursor 移回开始圆圈中［见图 4.19（e)］。当 Tilt Cursor 全部回到开始圆圈时，圆圈变为粗黑色，表明一次向内 Tilting 结束［见图 4.19（f)］。被试者将笔尖抬离数位板以完成任务。

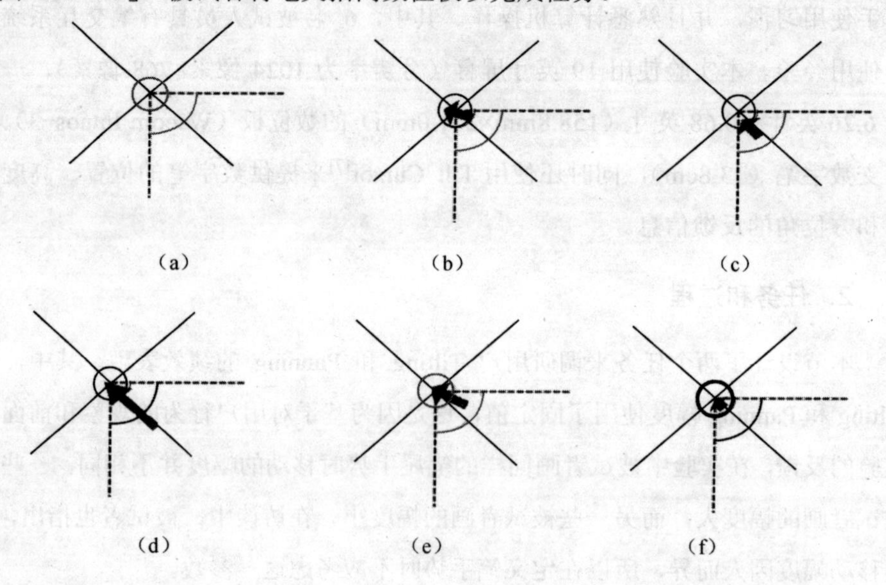

图 4.19　Tilting 任务

应该注意的是，向外 Tilting 任务和向内 Tilting 任务是不同的。向外 Tilting 任务具有较大的目标区域，而向内 Tilting 任务的目标区域则较小。这一设计与用户日常的向外/向内倾斜操作是一致的。

（2）Panning 任务。

Panning 任务是用笔尾以 Panning 穿越目标弧。与 Tilting 任务相似，被试者首先看到灰色的开始圆圈和 90° 的目标弧［见图 4.20（a)］。开始圆圈的半径及选择的目标弧半径与 Tilting 任务一致，这可以确保两个任务的结果是可以比较的，而且可以一起指导笔尾动作的设计。

一个圆点显示在目标弧的一端，表明需要穿越的起点。被试者首先将数字笔竖直放于数位板上，此时出现 Tilt Cursor，且 Tilt Cursor 全部在开始圆圈内，开始圆圈变黑［见图 4.20（b）］。接下来，被试者需要倾斜笔尾，使 Tilt Cursor 的尾部到达目标弧的起始位置［见图 4.20（c）］。随着笔尾的 Panning，Tilt Cursor 逐渐扫过整个目标弧，扫过的部分变厚［见图 4.20（d）］。当整个弧都被扫过时，任务结束。正向穿越与往回穿越的角度阈值是 90°。

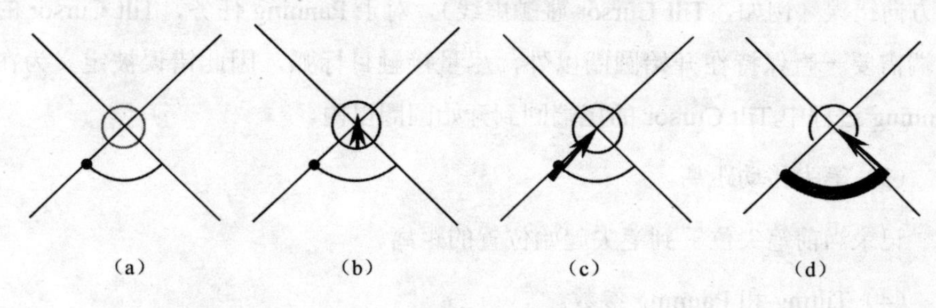

图 4.20　Panning 任务

3．测量数据

在 Tilting 任务和 Panning 任务中，被试者都被要求尽量快并且精准地完成任务。在每一次实验中，收集以下数据。

（1）任务完成时间。

对于 Tilting 任务，分别计算向外 Tilting 和向内 Tilting 的时间。向外 Tilting 的开始时间被记为被试者将数字笔竖直放于数位板上的时间，此时出现 Tilt Cursor，且 Tilt Cursor 全部在开始圆圈内，开始圆圈变黑［见图 4.19（b）］；终止时间被记为 Tilt Cursor 的尾部接触目标弧的时间［见图 4.19（d）］。向内 Tilting 的任务完成时间记为从 Tilt Cursor 尾部刚接触目标弧开始［见图 4.19（d）］到笔尖提起的时间。

对于 Panning 任务，任务完成时间记为从 Tilt Cursor 尾部接触目标弧开始，到尾部扫过整个目标弧的时间。需要指出的是，由于 Panning 任务本身的特点，必须首先将笔尾倾斜，因此它实际上包含了 Tilting 运动和 Panning 运动，本节的计算方法摒除了 Tilting 运动的时间，只保留了 Panning 运动的时间，以便消除不同方向 Tilting 运动差异的影响。

（2）错误率（ER）。

对于 Tilting 任务，错误被定义为在完成任务过程中笔尖抬离数位板，或笔尖方向错误（例如，Tilt Cursor 碰触虚线）。对于 Panning 任务，Tilt Cursor 的尾端需要一直保持在开始圆圈以外，尽量接触目标弧，因此错误被定义为在 Panning 过程中 Tilt Cursor 的尾端回到开始圆圈以内。

（3）笔尖移动距离。

记录当前笔尖位置到笔尖起始位置的距离。

（4）Tilting 和 Panning 参数。

在每项任务中，都要收集笔尾运动的各种参数，具体参见前面的实验。其目的是分析 Tilting、Panning 和笔尖移动之间的相互影响。

4. 实验设计

实验采用被试内设计。实验提供 8 项不同的 Titling 任务，即在 E′、N′、W′和 S′这 4 个方向上进行向外和向内运动。使用拉丁方来平衡这 8 项任务出现的顺序。实验还提供 8 项不同方向的 Panning 任务，E′—N′、N′—W′、W′—S′、S′—E′、E′—S′、S′—W′、W′—N′、N′—E′。

每名被试者每项任务共 100 次实验，包括 20 次练习和 80 次正式测试（10 次 × 8 个方向）。在两项任务之间，被试者可以休息。实验过程共持续约 30 分钟。

5. 实验结果

（1）Tilting 任务。

8 项 Tilting 任务的平均完成时间是 1.26s，平均错误率是 4.17%，平均 Tilting 速度是 60.74° /s。重复测量方差分析显示，Tilting 方向这一因素对任务完成时间没有显著影响（$F_{7,77}$=1.89，P=0.067），对错误率也没有显著影响（$F_{7,77}$=0.12，

P=0.997），对 Tilting 速度同样也没有显著影响（$F_{7,77}$=0.57，P=0.777）。

实验还分析了 Tilting、Panning 和笔尖移动距离之间的相互影响，结果发现，在 Tilting 运动过程中，平均无意笔尖移动的距离是 2.98mm，无意笔尾 Panning 的幅度是 15.69°；另外，Tilting 方向对无意笔尖移动距离有显著影响（$F_{7,77}$=3.936，P<0.001），如图 4.21 所示。两两比较显示，笔尾向 N′和 W′方向做向外和向内运动时的无意笔尖移动距离要显著大于笔尾向其他方向运动时的无意笔尖移动距离。另外，Tilting 方向对无意 Panning 的幅度没有显著影响（$F_{7,77}$=0.225，P=0.979）。

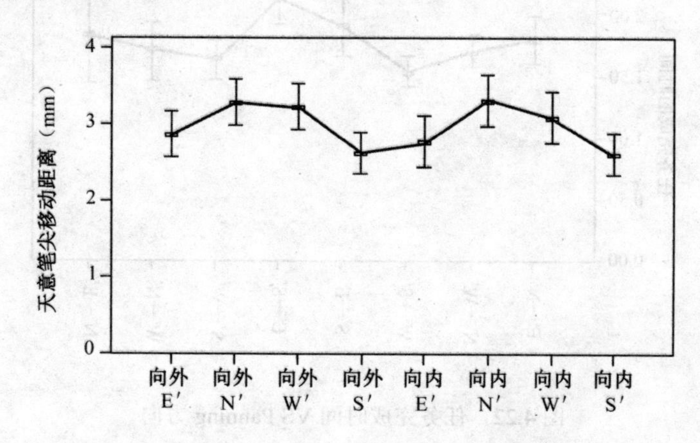

图 4.21　无意笔尖移动距离 VS Tilting 方向

（2）Panning 任务。

统计结果显示，Panning 任务的平均任务完成时间是 1.76s，平均错误率是 7.90%，平均 Panning 速度是 79.43° /s。重复测量方差分析显示，Panning 方向对任务完成时间有显著影响（$F_{7,77}$=2.560，P=0.013），如图 4.22 所示；对错误率有显著影响（$F_{7,77}$=5.429，P<0.001），如图 4.23 所示；对 Panning 速度有显著影响（$F_{7,77}$=3.425，P=0.001），如图 4.24 所示。两两比较显示 E′—S′方向上的任务完成时间要明显长于其他方向；E′—S′和 S′—E′方向上的错误率要明显高于其他方向；E′—S′方向上的 Panning 速度要明显慢于其他方向。

统计结果还显示，在 Panning 任务中，平均无意 Tilting 幅度为 10.47°，平均无意笔尖移动距离为3.04mm。各方向上的无意Tilting幅度如图4.25所示。重复测量方差分析显示，Panning方向对无意Tilting幅度有显著影响（$F_{7,77}$=5.716，P<0.001），如图4.25所示；Panning方向对无意笔尖移动距离有显著影响（$F_{7,77}$=5.075，P<0.001），如图4.26所示。两两比较显示，在E′—S′方向上的无意Tilting幅度要显著大于其他方向，在W′—N′方向上的无意笔尖移动距离要显著大于其他方向。

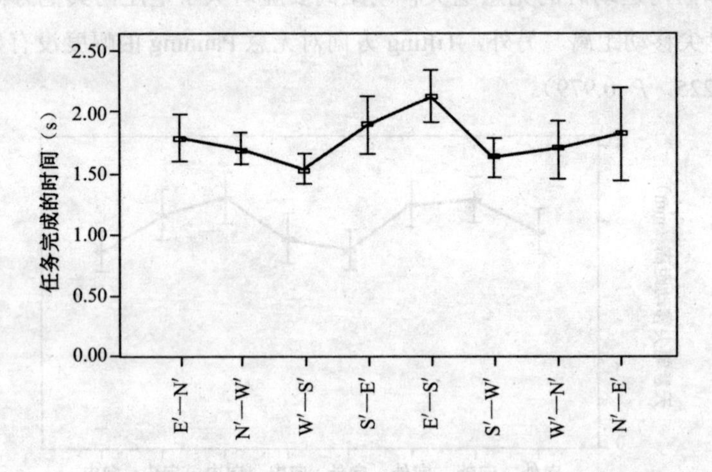

图4.22　任务完成时间VS Panning方向

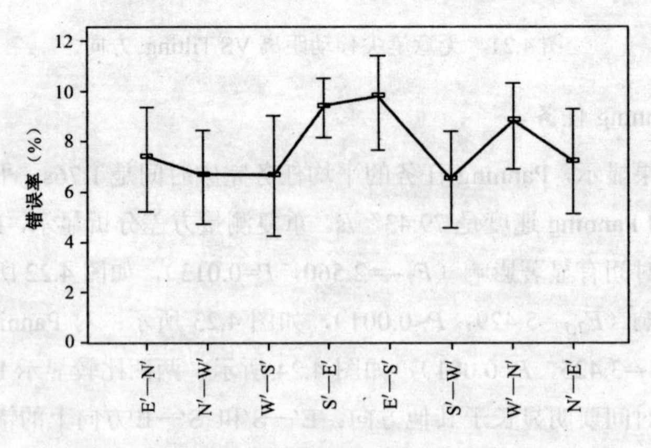

图4.23　错误率VS Panning方向

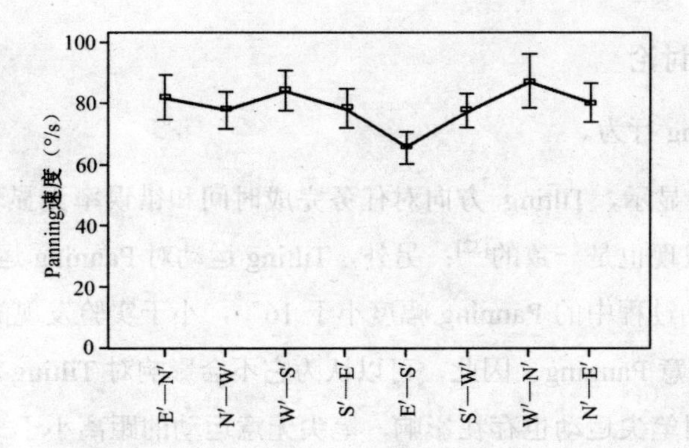

图 4.24　Panning 速度 VS Panning 方向

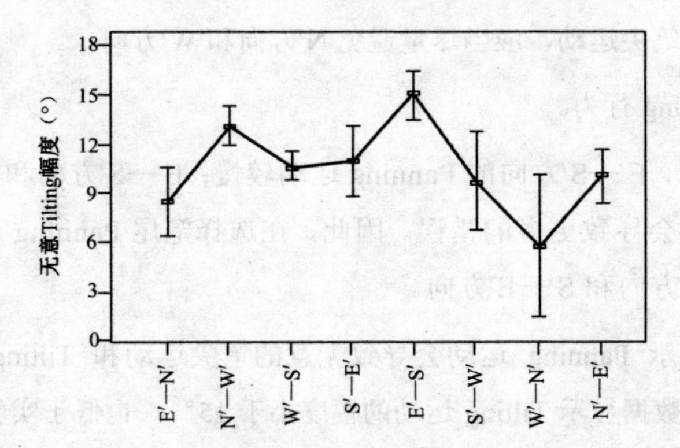

图 4.25　无意 Tilting 幅度 VS Panning 方向

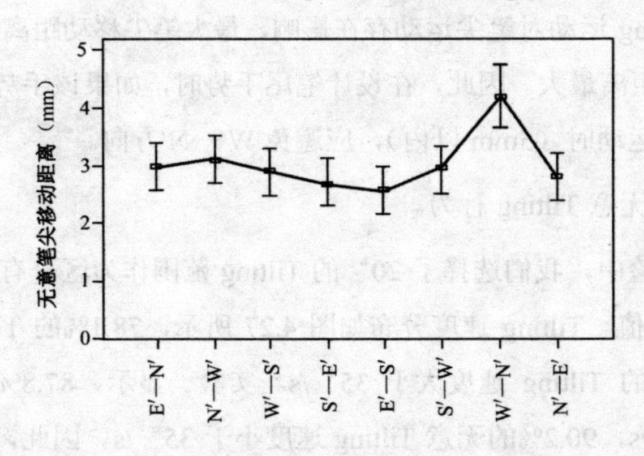

图 4.26　无意笔尖移动距离 VS Panning 方向

6．实验讨论

（1）Tilting 行为。

实验结果显示，Tilting 方向对任务完成时间和错误率无显著影响，这与 Tilt Menu 的发现也是一致的[32]；另外，Tilting 运动对 Panning 运动存在影响。在 Tilting 运动过程中的 Panning 幅度小于 16°，小于实验发现的 30°阈值，可以认为是无意 Panning。因此，可以认为它不会影响对 Tilting 运动的识别。Tilting 运动对笔尖运动也存在影响，笔尖无意运动的距离小于 3.5mm，N′和 W′方向的 Tilting 运动会导致较大的笔尖运动。因此，在设计笔尾手势时，如果要求较小的笔尖运动，应当尽量避免 N′方向和 W′方向。

（2）Panning 行为。

数据显示，E′—S′方向的 Panning 运动较慢；E′—S′方向和 S′—E′方向的错误率更高，会导致更多的错误。因此，在选择笔尾 Panning 运动时，应最后考虑 E′—S′方向和 S′—E′方向。

结果还显示 Panning 运动会导致无意的笔尖运动和 Tilting 运动。对于 Tilting 运动，数据显示 Tilting 运动的幅度小于 15°，也低于实验发现的 20°阈值，可以认定为无意 Tilting。因此，也同样认为它不会影响对 Panning 运动的识别。Panning 运动对笔尖运动存在影响，最大笔尖移动距离是 5mm，W′—N′方向的移动距离最大。因此，在设计笔尾手势时，如果该手势的使用环境要求较小的笔尖运动时（5mm 以内），应避免 W′—N′方向。

（3）有意/无意 Tilting 行为。

在所有实验中，我们选择了 20°的 Tilting 范围作为区分有意 Tilting 和无意 Tilting 的阈值。Tilting 速度分布如图 4.27 所示，78.1%的 Tilting 速度大于 30°/s，65.5%的 Tilting 速度大于 35°/s。实验一显示，87.8%的无意 Tilting 速度小于 30°/s，90.2%的无意 Tilting 速度小于 35°/s。因此，可以将 Tilting 速度 30°/s 作为另一个阈值。

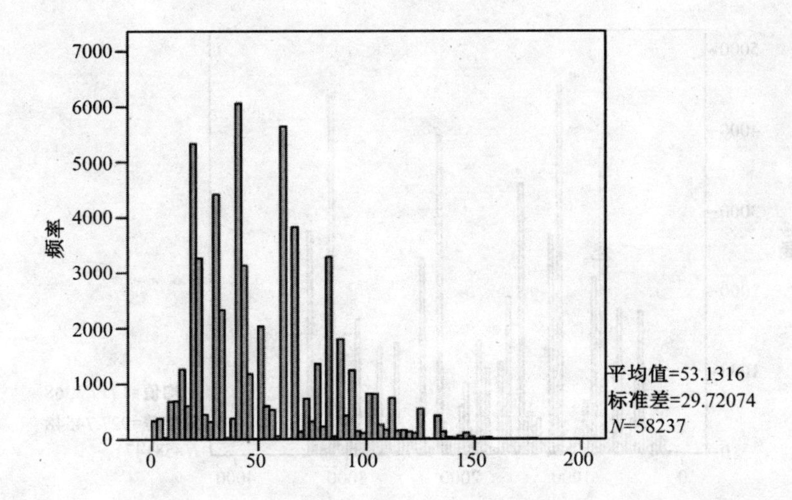

图 4.27　Tilting 速度分布

综合实验一给出的 Tilting 幅度阈值，可以定义 Tilting 幅度大于 20° 且 Tilting 速度大于 30° /s 的 Tilting 行为是有意 Tilting 行为。相反地，不符合这两个标准的 Tilting 行为是无意 Tilting 行为。

（4）有意/无意 Panning 行为。

本研究只选择了 4 个倾斜方向，使有意 Panning 动作的角度范围在 90° 左右。从实验一的讨论中，可以知道 88.08％的无意 Panning 动作的 Panning 幅度小于 30° 。因此，可以选择 Panning 幅度 30° 作为区分有意无意 Panning 动作的参数之一。Panning 速度分布如图 4.28 所示，99.9%的 Panning 速度高于 50° /s。实验显示，84.4%的无意 Panning 速度低于 40° /s，89.1%的 Panning 速度低于 50° /s。因此，可以选择 Panning 速度 50° /s 作为另一个区分有意或无意 Panning 行为的阈值。

综合实验一给出的 Panning 幅度阈值，可以定义 Panning 幅度大于 30° 且 Panning 速度大于 50° /s 的行为是有意 Panning 行为。相反地，不符合这两个标准的 Panning 行为是无意 Panning 行为。

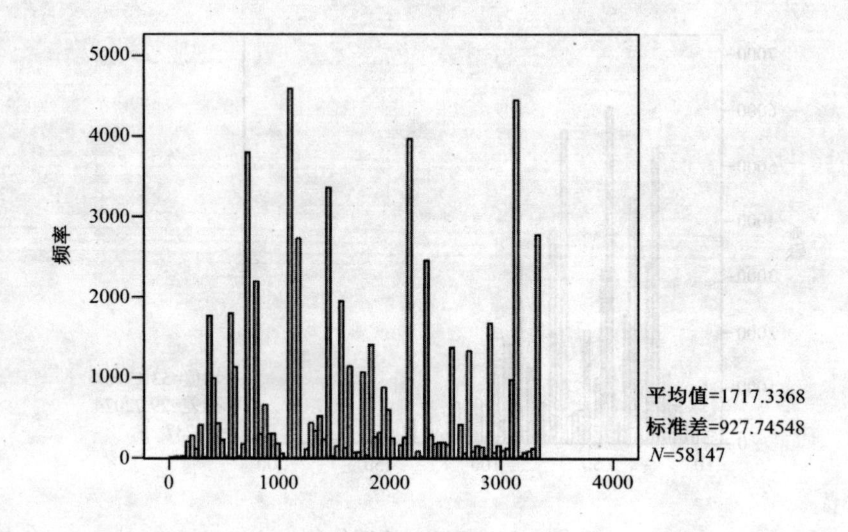

图 4.28 Panning 速度分布

（5）Tilting 行为幅度。

对于 Tilting 行为幅度的表现，已经有一些相关研究。最相关的工作由 Xin 等[33]做出。他们通过倾斜获取（Tilt Acquiring）和倾斜指向（Tilt Pointing）这两个受控实验，来探索用笔倾斜动作选择离散目标的用户绩效。结果表明，角度越小，选择时间越长；并且认为笔倾斜行为可以通过 Fitts' Law 建模。因此，可以推断较小的倾斜范围将导致更高的性能。然而，倾斜范围不能小于 20°，这是对有意或无意倾斜行为的区分。

4.1.6 设计空间探索

1. 设计特性

笔尾手势扩充了笔交互通道，使得用户在保留笔尖主要工作的同时，利用笔尾输入构建了一个新的交互层。用户能够结合笔尖和笔尾手势，执行多参数或多步骤的交互任务。这种方法能够扩展笔式用户界面的设计空间。

与基于鼠标的交互不同，在勾画常规的笔尖手势时，用户不可避免地需要操纵笔尖穿越一些屏幕空间。这种空间上的穿越往往会带来一些问题。例如，当屏幕上摆放不止一个对象物体时，手势的勾画可能会横跨多个对象，手势的含义就会变得含糊并有歧义。这是因为用户试图针对某一目标物体执行手势时，由于手势穿越了多个物体，系统不知道应该将接收到的手势命令施加到哪个物体上。而当使用笔尾手势时，手势的位置从二维屏幕空间转移到三维空间，笔尾的运动不会带来明显的笔尖移动，因此不受屏幕尺寸的限制。

2．笔尾手势的二维投影

鉴于笔尖保持静态，笔尾手势的运动轨迹可以被看作发生在一个假想的半球表面上。笔尖是该半球的中心，笔的长度是该半球的半径。在半球表面发生的任务三维轨迹，都在水平面上有唯一的投影。图 4.29 显示了在三维笛卡尔坐标系下的笔尾手势，以及其在二维平面上的投影。

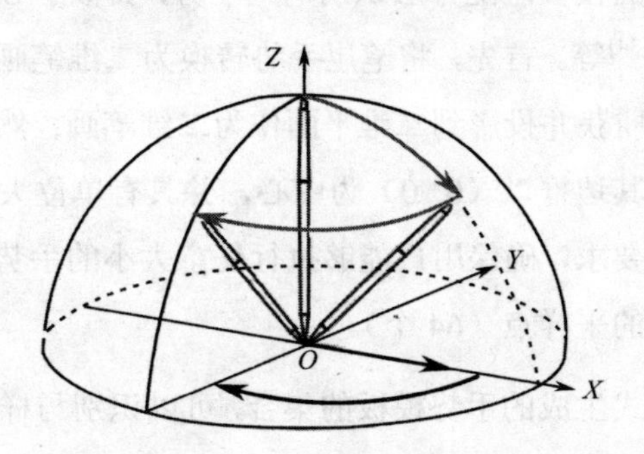

图 4.29　三维空间中的笔尾手势及其在二维平面上的投影

这种三维笔尾手势轨迹和二维投影之间的一一对应关系，是进行笔尾手势设计的关键。二维的简单手势，如画圆弧或线段，能够直接映射为前文定义的 16 个基本笔尾运动中的几种运动或组合（见图 4.17）。对于更复杂的手势，如在访谈中使用的手势（见图 4.2），可以把它们分解成简单的圆弧或线段的集合，然后将这些手势映射为基本的笔尾行动。这样一来，就搭建起了三维笔尾手势和传统二维笔手势之间的桥梁，让用户能够充分利用他们现有的技能，将这些技能顺利迁移到笔尾手势中。图 4.30 显示了两个真实的二维笔手势和相应的笔尾手势。

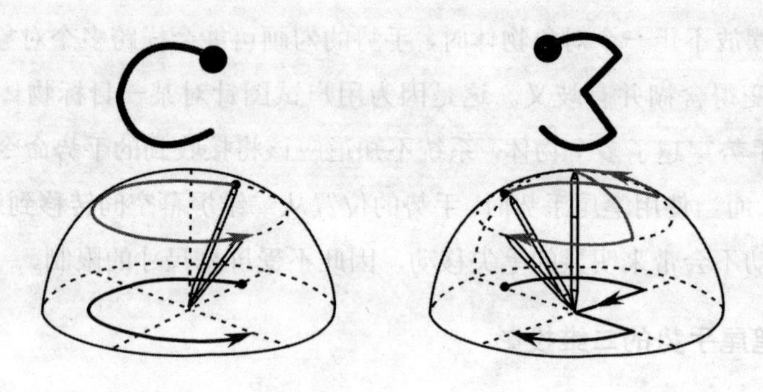

图 4.30　二维手势和对应的笔尾手势（黑点代表手势的起点）

3. 手势识别

本节采用简单的模板匹配方法识别笔尾手势，类似于 Shark[12]、$ 1 手势识别器[13]、Protractor[34]等。首先，将笔尾手势转换为二维笔画样本，当笔尾移动时，其三维轨迹被捕获并投影到二维平面作为二维笔画；然后，将二维笔画进行平移和缩放，使其边框以（0, 0）为中心，并具有单位大小，这样可以满足初次访谈中表达的要求，确保用户能够执行任意大小的手势；最后，将笔画重新采样到预定数量的采样点（64 个）。

使用以相同方式生成的手势模板的集合，可以识别与样本笔画匹配最紧密的模板，并将其用于识别结果。此外，笔尾手势包括 Tilting 和 Panning 元件，每个元件可以认为是在四个象限（N′、E′、W′、S′）之一内的运动。只要每个运动是在其象限内的，轻微的旋转（<45°）就不会影响手势的识别。这一点很重要，因为每个用户开始时自然握笔姿势可能略有不同。为了实现这一目标，旋转样本笔划（顺时针和逆时针旋转 5°、10°、15°、20°、25°、30°、35°、40°和 45°）生成样本笔画的 18 个变体，然后用这 19 个样本（包括原始样本）进行匹配来获得识别结果。

另外，实验进行了初步的性能测试，来测试算法的识别率。选择 12 个笔尾手势，如图 4.31 所示。性能测试的被试者和设备与实验三相同。每名被试者被要求画出随机显示在屏幕上的手势，每个手势重复三次。实验共测试 432 次（12 名被试×12 种笔尾手势×3 次重复），432 个手势输入中有 19 个识别错误，识别率高于 95%。

图 4.31　测试的 12 个笔尾手势

4．激活和可视化

为了区分有意的笔尾手势和其他笔交互任务中的无意笔尾动作，需要设置相应的 Tilting 和 Panning 阈值进行判别。当笔尾 Tilting 幅度和速度、Panning 幅度和速度超过之前实验中所定义的范围时，这个运动会被识别为一个笔尾手势；否则，这个动作会认定为笔尾部的无意运动。Bi 也使用了类似的方法[8]。笔尾信息在有意笔尾手势的整个过程中被记录，因此起点和终点很容易找到。但是，如果手势的使用场景要求用户在激活之前和激活之后立即连续地执行其他动作（如素描）的话，就应该将自然握笔状态设置为笔尾手势的开始和结束状态，以避免错误激活。为了帮助手势的表现，测试使用了 Tilt Cursor[23]，其形状会基于笔位置动态更新，因此可以提供笔尾的视觉提示。当笔尾手势被激活时，Tilt Cursor 的尾部会在笔尾移动后动态地产生一个黑色笔画，直到手势被执行。产生的黑色笔画向用户实时反馈关于激活状态和运动轨迹的信息。

4.2　虚拟圆规交互技术

本节介绍一种新的基于笔交互的技术——虚拟圆规交互技术（Tilting-

Twisting-Rolling，TTR），来支持圆规几何作图[3]。该技术利用笔的三维方位信息和三维旋转信息，支持用流畅的操作完成多步骤的几何图形创建，而无须切换任务状态。实验表明，这种 Tilting-Twisting-Rolling 技术可以提升用户使用圆规构造几何图形的表现和用户体验。

4.2.1 背景

笔交互设备能够帮助用户直接构建几何图形。除了粗略的草图，用户有时也需要构建精确的几何图形。构建精确几何图形的一种常见方法如下：先让用户绘制草图，再基于几何约束来美化用户绘制的自由笔画[35, 36]。然而，在一些领域里，比如教育领域，精确几何图形的构建是在绘制过程中完成的。例如，在几何课堂上，教师通常会通过尺子和圆规创建几何图形，帮助学生理解基本的几何概念。而先绘制后美化的方法不能动态地体现几何形体的空间属性，如大小、位置、距离等，因此不适用于这种应用场景。

目前，有一些应用支持使用尺子和圆规来构造几何图形。Geometer's Sketchpad 能够帮助教师和学生建立动态的数学模型、对象、数字和图表。GRACE 是一个交互式尺规构造编辑器，它提供直观的图形用户界面，学生可以自由定义几何结构并且得到该结构的数学证明。QuickDraw 是一个基于简笔绘制的工具原型，它可以识别草图中的形状（如线段与圆圈），并结合几何约束条件进行美化，使用户可以快速准确地绘制图形[37]。HabilisDraw 是一个包括笔、墨水瓶、图钉、圆规、尺子和镜片的绘图设备，用户可以利用现有工具进行组合来实现新的功能[38]。Gulwani 等设计了一个基于尺规的几何构造方法[39]，利用该方法能快速构建中学课本和试卷中所有可能出现的几何图形，从而促进课堂上的互动学习。

4.2.2　虚拟圆规交互技术概述

笔身的倾斜（Tilting）和旋转（Rolling）等交互扩展了基于笔的用户界面的输入通道[6~8]。为了更好地支持基于笔的几何形状创建，本节提出一种虚拟圆规交互技术（Tilting-Twisting-Rolling，TTR）以便绘制复杂的几何形状，如连续地画圆弧。图 4.32 展示了虚拟圆规在纸上绘制圆弧的关键步骤，图 4.33 展示了用户使用 Tilting-Twisting-Rolling 技术完成圆弧绘制的关键步骤。

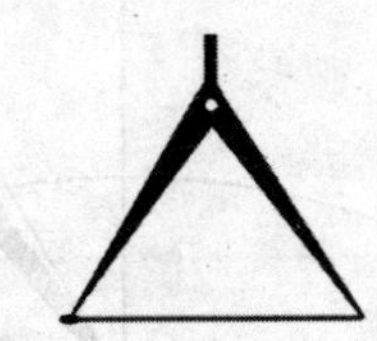
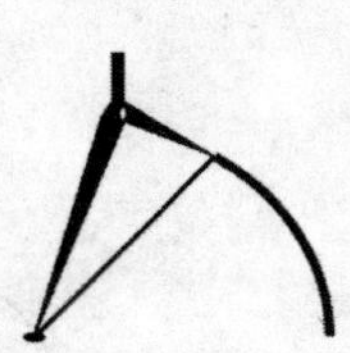

（a）确定中心点（b）调整半径　　（c）确定半径　　（d）画弧

图 4.32　绘制圆弧的步骤

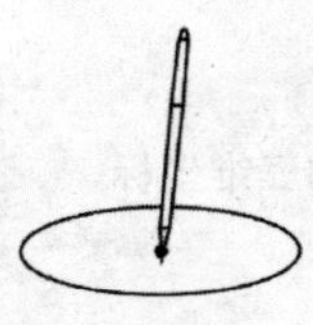
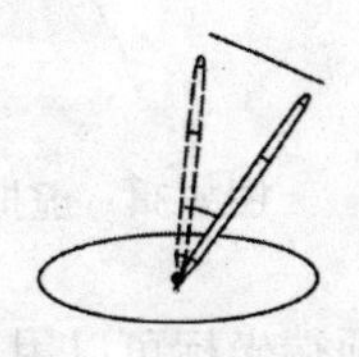

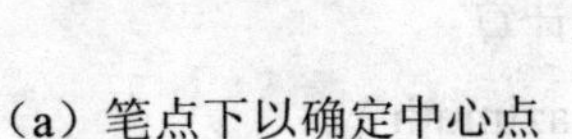

（a）笔点下以确定中心点　（b）笔倾斜以调整半径

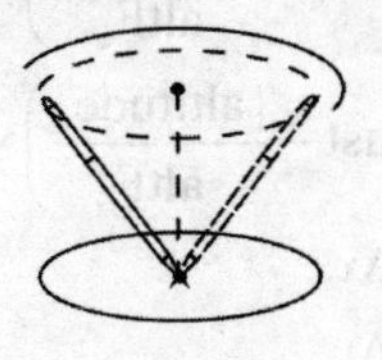

（c）笔扭转以确定半径　　（d）旋转笔来画弧

图 4.33　用户使用 Tilting-Twisting-Rolling 技术绘制圆弧的操作

4.2.3 虚拟圆规设计

1. 虚拟圆规模型

本节设计了一个虚拟圆规。圆规模型的三维笛卡尔坐标如图 4.34 所示。坐标原点是圆规的枢轴点，视点在与 y 轴正半轴和 z 轴正半轴都成 45° 夹角的向量正方向上。

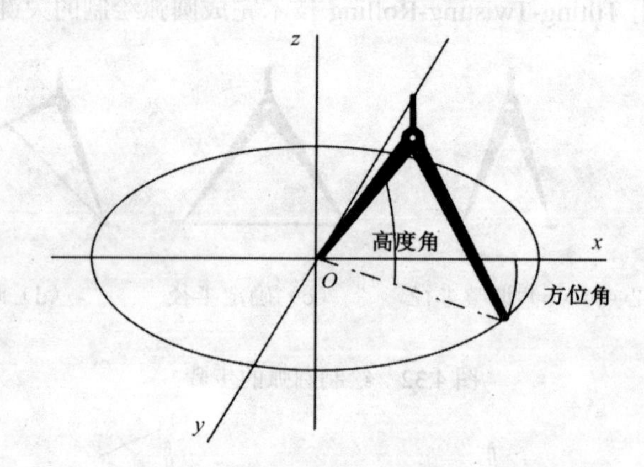

图 4.34　虚拟圆规模型的三维坐标

圆规绘图腿的顶端坐标可以用下式计算：

$$\Delta x = \left(\text{altAdjust} - \frac{|\text{altitude}|}{\text{altF}}\right) \times \sin\left(\frac{\text{azimuth}}{\text{aziF}}\right) \times \cos(\text{altitude})$$

$$\Delta y = \left(\text{altAdjust} - \frac{|\text{altitude}|}{\text{altF}}\right) \times \cos\left(\frac{\text{azimuth}}{\text{aziF}}\right) \times \cos(\text{altitude})$$

$$M_x = O_x + 2\Delta x$$

$$M_y = O_y - 2\Delta y$$

其中，Δx（Δy）是从圆规的枢轴点到圆规的顶部点（圆规两腿的交点）的向量在 x 轴（y 轴）上的投影；altAdjust 是高度角调零；altF/aziF 是高度角/方位角因数；M_x、M_y 是圆规绘图点 M 的坐标；O_x、O_y 是圆规原点 O 的坐标。

圆规顶部点的位置可以用下式计算：

$$\text{Height} = \sqrt{\text{ArmLen}^2 - \Delta x^2 - \Delta y^2}$$
$$T_x = O_x + \Delta x$$
$$T_y = O_y - \Delta y - \text{Height}$$

其中，ArmLen 是圆规臂的长度，可以通过测量圆规枢轴点到圆规绘图点的最大距离计算得到；T_x、T_y 是圆规顶部点 T 的坐标。

2．可视化技术

TTR 技术向用户提供绘图动作的实时视觉反馈。虚拟圆规跟随笔移动并指示当前状态。当一个绘制圆弧或圆的任务开始时，圆规会出现在工作区并随着笔移动。当用户在屏幕上用笔轻击时，圆规的枢轴点固定在被点击的位置；然后，倾斜笔可以调整枢轴腿和绘图腿之间的角度；当扭转笔体固定半径后，圆规就会随着笔的旋转而转动；当用户举起笔改变中心位置但保持半径不变时，圆规会与笔一起移动，且两条腿之间的角度保持不变。

此外，虚拟圆规使用四种颜色来渲染以便帮助用户感知状态的转换（黑色——初始状态、绿色——倾斜状态、红色——半径固定、黄色——旋转状态）。当用笔轻击屏幕时，圆规被激活，颜色由黑色变为绿色；扭转笔会使圆规变为红色，表示圆规半径已设置和固定；当用户旋转笔时，圆规变为黄色；当用户提起并扭转笔时，圆规变黑并返回初始状态，等待用户重置中心和半径；如果使用者举起笔而不扭转它，圆规变为红色并带有固定的半径；只要笔尖再次接触屏，圆规变为黄色并且可以立即作画。

目前，几乎所有的错误都发生在用户无意中提起笔的时候。当出现错误时，圆规变为黑色，表示返回到初始状态，需要重新启动绘图。

4.2.4 笔姿势识别

1．笔扭转动作识别

扭转（Twisting）笔的动作模仿传统的拧螺丝的操作，用于固定或重置圆规的半径。扭转可以向前或者向后。设定每 50ms 捕获一次笔的信息，并检测扭动笔的动作。笔的扭转与笔的位置、笔的方向和时间有关。从时间间隔 1 到时间间隔 n 的笔的动作可以表示为

$$\text{Info}(1,n)=\{(x_1、y_1、\text{alt}_1、\text{azi}_1、\text{twist}_1),\ \cdots,(x_t、y_t、\text{alt}_t、\text{azi}_t、\text{twist}_t),\ \cdots,(x_n、y_n、\text{alt}_n、\text{azi}_n、\text{twist}_n)\}$$

其中，(x_t, y_t)是 t 时刻笔的位置，alt_t 是 t 时刻笔的高度，azi_t 是 t 时刻笔的方位角，twist_t 是 t 时刻笔的扭转信息。

为了识别笔的扭转是向前还是向后，需要找到 Info(1,n)中的三个相邻扭转极值 twist_{e1}、twist_{e2} 和 twist_{e3} 代表扭曲极值的时间戳。这三个极值满足下面列出的条件，这些条件表示扭转笔时的时间约束、位置约束和倾斜约束。当三个极值都能被找到时，即检测到一个笔的扭转动作。

$$e2-e1>\text{thresTime}$$

$$e3-e2>\text{thresTime}$$

$$\frac{\sum_{i=e1}^{e3-1}|x_{i+1}-x_i|}{e3-e1-1}<\text{thresOffsetX}$$

$$\frac{\sum_{i=e1}^{e3-1}|y_{i+1}-y_i|}{e3-e1-1}<\text{thresOffsetY}$$

$$\frac{\sum_{i=e1}^{e3-1}|\text{azi}_{i+1}-\text{azi}_i|}{e3-e1-1}<\text{thresOffsetAzi}$$

$$\frac{\sum_{i=e1}^{e3-1} |\mathrm{alt}_{i+1} - \mathrm{alt}_i|}{e3 - e1 - 1} < \mathrm{thresOffsetAlt}$$

其中，thresTime、thresOffsetX、thresOffsetY、thresOffsetAlt、thresOffsetAzi 是一组阈值，能确保扭转操作可以持续一段时间，并且笔的移动和倾斜在笔扭转姿态期间不会改变太多。它们的取值如下：thresTime=3；thresOffsetX=100；thresOffsetY=100；thresOffsetAlt=100；thresOffsetAzi=100。

2．交互状态转移

图 4.35 显示了圆规的状态转换。笔尖用于设置圆规的枢轴点，以及圆弧的中心点（见状态 1）。绘图腿的尖端会自动跟随笔在三维空间中的位置，其坐标可以从上面提到的公式中计算出来。通过倾斜笔，用户可以调整半径（见状态 2）。扭转笔可以设定所需的半径（见状态 3）。然后，用户可以旋转笔来绘制弧（见状态 4）。当绘图完成后，用户可以提起笔并将其扭转以重置笔的状态（见初始状态）。应该注意的是，如果笔只被提起而没有扭转，圆规的半径将保持不变，在这种情况下，用户可以用圆规在不同的位置绘制半径相同的弧；只有当笔被提起并扭转时，才能恢复到初始状态。

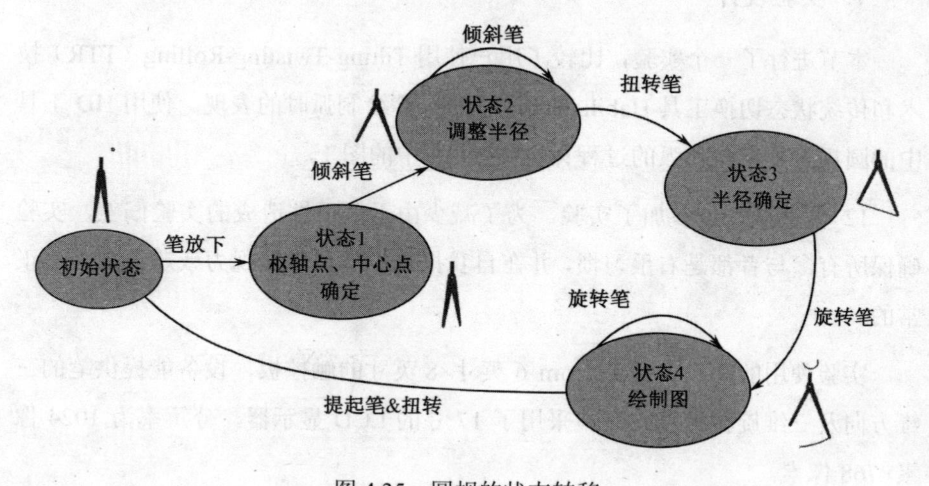

图 4.35　圆规的状态转移

4.2.5 设计实例

图 4.36 解释了使用 Tilting-Twisting-Rolling 技术绘制角平分线的过程。用户首先绘制一条分别与点 D 和点 E 所在的两条边相交的弧线[见图 4.36（a）]。在图 4.36（b）中，用户分别以点 D 和点 E 为中心绘制两个半径相同的弧，这两弧相交于点 F。图 4.36（c）展示了从点 F 画一条直线到 B 点的过程，图 4.36（d）展现了最终的平分线。这个过程包括两个需要绘制精确圆弧的步骤。点 D 和点 E 应该距点 B 有完全相同的半径，点 F 应该由两个等半径圆弧构造而成，通过美化草图产生的弧线不能保证满足这两个条件。

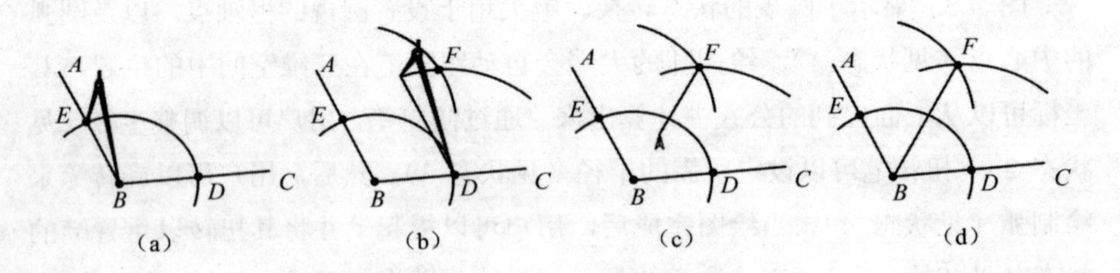

图 4.36　绘制角的平分线

1. 实验设计

本节进行了一个实验，比较了用户使用 Tilting-Twisting-Rolling（TTR）技术和传统状态切换工具 HabilisDraw（HD）[38]绘制弧时的表现。使用 HD 工具中的圆规工具来构建弧的过程详见文献[38]中的图 1。

12 名被试人员参加了实验。为了减少由于偏手性造成的实验偏差，实验确保所有参与者都是右手习惯，并在自我报告中体现出其视力或矫正视力是正常的。

实验使用的笔设备是 Wacom 6 英寸×8 英寸的触控板，设备能提供笔的三维方向及三维旋转信息。实验采用了 17 寸的 LCD 显示器，分辨率为 1024 像素×768 像素。

实验采用了被试内设计。每名被试共进行 36 次试验（2 种工具×9 种弧×2 次重复）。在每次实验中，屏幕上都有一个模板弧，被试者需要对照着模板弧，使用给定的工具（TTR 或 HD）尽可能快速地绘制弧。一共有 9 种弧，每种弧在每种工具中出现 2 次。所有的弧都是 30°，弧有三种半径：60 像素、80 像素、100 像素；有三种起始位置：一种（相对于正 x 轴）从 0° 开始，到 30° 处结束；一个从-30° 开始，到 0° 结束；一个从 30° 开始，到 60° 结束。使用拉丁方来平衡实验顺序，以抵消顺序效应。每名被试者都能在实际测试之前进行练习。

用户表现通过任务完成时间和错误率进行衡量。任务完成时间是从模板弧出现到被试者将笔抬起所经过的时间。如果被试者未能遵循画弧所需的正确步骤，则记录一次错误。完成所有任务后，被试者填写一个调查问卷。问卷要求被试者从六个方面评估这两种工具：快速画弧、错误率、流畅度、易学性、舒适度、有趣性。评级为李克特量表，从 1（最差）到 7（最佳）。

2. 实验结果

图 4.37 比较了两种工具的用户表现。在任务完成时间上两种工具没有明显的差距（t_{11}=0.743，P=0.473）[见图 4.37（a）]；但与 HD 工具相比较，TTR 工具可以显著地减少错误率（t_{11}=3.534，P=0.005）[见图 4.37（b）]。

图 4.38 比较了被试者对两种工具的感知。由 Wilcoxon 符号秩检验得出的结果显示，TTR 工具与 HD 工具相比，用户体验更加流畅（z_{11}=2.78，P=0.0027）、更有趣（z_{11}=2.78，P=0.0027）；其他四个方面没有显著的差别。

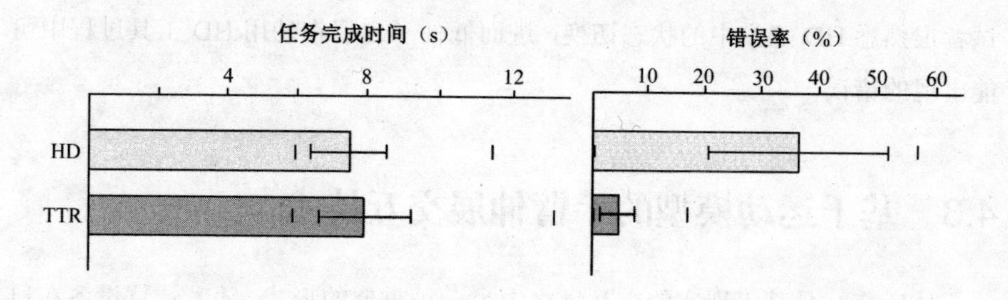

图 4.37 两种工具的平均任务完成时间和平均错误率

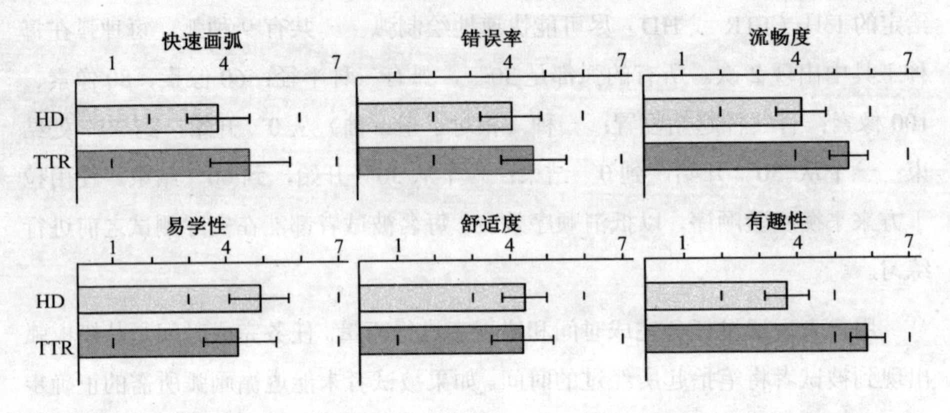

图 4.38　被试者对两种工具的评分（标出了每项任务的中位数和标准差）

3. 实验讨论

实验结果表明，在不牺牲任务速度的前提下，TTR 技术可以显著地降低错误率。进一步研究笔的轨迹和行为数据发现，在使用 HD 工具时，大多数错误都与被试者对当前状态的误解有关，由于不同的状态要对应不同的操作，被试者必须正确地记住选定的状态，以便正确地构造弧；相对而言，在使用 TTR 工具时，被试者可以在连贯的动作下合并所有的步骤。研究结果也表明，这种新的设计可以提高用户在几何构造方面的能力，用户觉得该工具使用起来很流畅、很有趣。有趣的是，虽然 TTR 工具会使错误明显减少，但被试者并未感受到这种益处，这可能是由于状态切换工具的设计出现在许多应用中，因此被试者很熟悉 HD 工具中的状态切换，进而低估了自己在使用 HD 工具过程中可能出现的错误。

4.3 基于运动模型的手臂伸展交互技术

体感交互是基于现实的交互风格中另一种重要的形式。随着计算设备在日常生活中的深入渗透，人们的日常生活已经发生了极大改变。近年来，Wii、

Kinect、Google TV 等一些技术的出现，使得采用肢体进行交互变得更加必要和可行。然而，用户身体运动如何合理地运用于用户界面设计中的理解还非常有限。

本节通过实验探索手臂伸展（Stretching）的用户绩效表现，建立用户使用 Stretching 手势控制对象的运动模型，并提出 Stretching 交互技术的设计原则[2]。

4.3.1 背景

最近，一些研究者利用深度摄像头来支持用户在平板设备和大屏幕设备上的交互行为。Wilson 等的研究[40, 41]演示了深度感应摄像头如何用于检测用户在平面上的触摸行为，他们还组合多个深度摄像头和投影仪来检测接触平面、悬浮于平面上和发生在平面间的交互行为。DepthTouch[42]将深度摄像头放置于 TouchLight 的显示器上，以便检测触摸行为。Data Miming[43]通过 Kinect/PrimeSense 深度摄像头，帮助用户使用空间手势对三维物体的形状进行描述，从而从数据库中检索出该三维物体。

有很多工作研究在三维用户界面中用户完成目标获取和选择的绩效表现。Hinckley 等提出了一份调查报告，阐述在设计和实现有效的自由空间三维用户界面时所面临的问题[44]。Cockburn 等探讨了空中指点交互的设计空间，并提出了一个框架，帮助设计师理解输入维度和由此产生的交互特性[45]。Poupyrev 等评估和比较了两个最基本的三维选择和操作隐喻的可用性特点[46]。Grossman 等设计和评估了选择三维 Volumetric 立体显示技术，并提出了对界面设计的 Implications[47]。在三维用户界面中，研究者们已经提供了用于远距离指点、窗口管理和对象控制的手势技术。然而，还很少有研究工作面向基于手势的菜单选择，唯一的例外是 RapMenu[48]，这是一个使用 Tilt 和 Pinch 选择菜单的用户界面。与 RapMenu 不同的是，Stretching 手势能够支持用户使用手臂的简单动作完成命令选择任务，而与此同时，手和手指的精细动作可以用来完成其他任务。

还有一些研究工作旨在了解各项任务中的基本用户行为。Zhai 研究了用户在六自由度输入控制时的绩效表现[49]。Mine 等探索了以身体为中心的菜单，允许用户利用他们的本体感觉（Proprioceptive）来选择菜单项或工具[50]。Grossman 等调研了在真实的三维环境下对不同大小三维目标的指点运动，提出并验证了一种新的模型用于描述针对三维体目标的指向运动[51]。和本节最相关的是 Ware 等的工作[52]，他们对 Reaching 运动进行了实验研究，该实验在鼠标中植入一个 Polhemus Isotrak™传感器用于追踪物体选择运动，并发现 *Z* 轴上的 Reaching 运动符合 Fitts' Law[4]。

尽管已有许多研究探索了用户界面中的深度信息（这些研究大部分基于三维输入设备），但是还缺乏更深入的研究工作，来进一步理解用户通过手势控制深度参数的用户能力和绩效表现。

本节旨在利用深度摄像头研究用户进行手臂伸展运动（Stretching）选择离散物体时的用户绩效表现。手臂伸展是人们在日常生活中常用的动作。人们会伸出手臂打开一扇门，并通过手臂伸展的幅度控制门打开的程度。类似地，当人们想在桌子上腾出一些空间时，可以伸出手臂把桌子上的东西推远，空间的大小取决于人们伸展手臂的远近。因此，可以设想基于手臂伸缩的手势，用户可以使用它来控制目标对象的位置，如图 4.39 所示。要构建基于这种手势的用户界面，需要通过用户实验设计来研究 Stretching 的用户绩效表现，从而了解用户使用 Stretching 手势控制对象位置的能力。基于对用户能力的充分理解，可以开发新的交互组件设计。

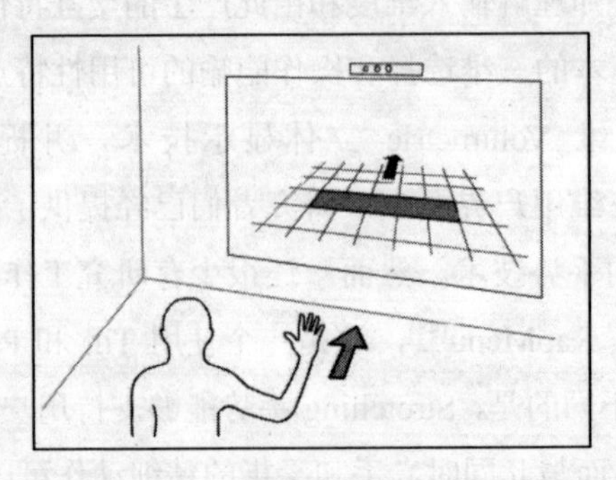

图 4.39 使用 Stretching 手势控制对象位置

为了调研使用 Stretching 手势进行离散对象选择的用户绩效表现，本节关注以下问题：

- 用户使用 Stretching 手势能够控制多少深度层级？
- 使用哪些命令确认手势，能够与 Stretching 手势相匹配？
- 在用户使用 Stretching 手势控制物体时，什么样的视觉反馈最适合？不同的视觉反馈对用户绩效有怎样的影响？
- 在用户使用 Stretching 手势控制物体时，如何预测用户绩效？

为了回答这些问题，本节使用微软的 Kinect 深度摄像头[53]设计了两个实验研究。第一个实验帮助我们了解前两个问题，第二个实验要寻找后两个问题的答案。

4.3.2 实验一：深度层级和确认命令

在本实验中，我们主要关注两个问题。

- 用户使用 Stretching 手势能够控制的深度层级。

这个问题非常重要，因为它决定了对象选择的精度。本工作是此类研究的第一个探索，因此无法从参考文献中获知合适的深度层级。然而，理论上，太多的分级必然会增加控制的难度，因此，有必要探索适合的深度层级。

- 适合的命令确认手势。

这个问题引起重视，是因为目前对如何确认基于身体运动的交互命令还缺乏设计指导。尽管深度摄像头（如 Kinect）已经被应用于各种游戏平台，但在非游戏应用中，还没有统一的命令语言。在用户与基于深度摄像头的应用程序交互时，可靠且低延时的输入确认技术是非常关键的。

1．实验设计

为达到上述两个目标，本节设计了一个被试内实验，用于比较在不同条件下进行对象选择的错误率。实验有两个自变量，即物体选择的深度层级（把屏幕空间分为 4 级、8 级、12 级、16 级、24 级、32 级和 48 级），以及确认手势（Dwelling 和 Moving）。

（1）物体选择任务。

实验的任务是被试者通过伸展手臂选择一个给定的目标物体。被试者将在大屏幕上看到一系列竖直叠放的矩形，同一组矩形具有相同的高度和宽度。目标矩形的颜色与其他矩形不同。

在屏幕的最下方，有一个标明光标起始位置的小矩形，光标被显示为一条水平的线。被试者可以通过 Stretching 手势来控制光标的上下移动。手臂移动的距离被映射为光标在屏幕上 *Y* 轴方向的位移。当光标进入或离开某一非目标物体时，该物体的颜色发生改变。当光标进入目标物体时，被试者执行命令确认手势，完成该次任务。

图 4.40 显示了一个深度层级为 4 级的实例。其中，目标物体是从底部往上数第三个物体，图中显示为黑色；其他三个非目标物体在未激活状态时显示为浅灰色。被试者控制光标从屏幕底部开始移动，首先经过第一个矩形，该矩形的颜色变为深灰色，如图 4.40 所示，当光标离开该矩形后，该矩形恢复原来颜色。

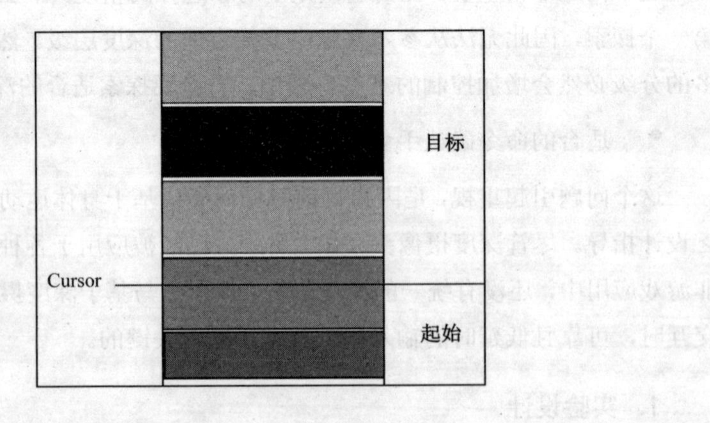

图 4.40 深度层级为 4 级的任务实例

在实验中，考虑到人眼在三维空间中对物体距离和尺寸的感知，以及为了更好地利用屏幕空间，所以没有为物体选择设计 3D 场景。Jones 等关于自我中心深度感知的研究表明[54]，观察者普遍低估了与目标物体之间的距离。本节研究中使用像素尺寸相同的物体（如矩形），如果通过三维投影呈现，尺寸大小会不同，由此导致被试者的 Stretching 动作受到影响。此外，3D 投影限制了可用的屏幕空间，可以测试的目标数量和大小要比在 2D 展示中少得多。因此，与 Ramos[21]类似，本实验选定二维的上下选择设计。

实验有两个自变量，即确认手势（Dwelling 和 Moving）、物体选择的深度层级（把屏幕空间分为 4 级、8 级、12 级、16 级、24 级、32 级和 48 级）。

（2）确认手势。

Dwelling 手势是现有 Kinect 游戏中最常见的确认手势。用户保持一只手掌停留在目标区域内一定时间（实验设定为 0.8s），则判定为一个 Dwelling 手势。

Moving 手势是指用户在 Stretching 结束后，在手掌所在平面（垂直于地面）移动手掌的动作。虽然手掌有 4 个可能的运动方向，但是，通过初步观察，向上或向下移动手掌比向左或向右移动手掌对深度值的干扰更显著，而向左和右移动手掌没有明显的区别。因此在实验中，选择了向左移动的 Moving 手势作为确认手势。

应该指出的是，其他的手势［如 Grabbing（抓握）］也可以作为确认手势，本实验没有探讨这些手势的主要原因是这些手势的识别率较低。

（3）深度层级。

深度层级这个自变量决定了目标物体的大小。根据 Fitts' Law[4]可以推测，目标物体的大小和距离会影响 Stretching 任务的难度。本实验选择了 7 种深度层级。按照垂直的屏幕空间被划分的数目，将这 7 种深度层级命名为 4 级、8 级、12 级、16 级、24 级、32 级和 48 级。不同深度层级下的目标物体具有不同的高度，例如，一个 4 级任务中的目标物体比 48 级任务中的目标物体高出 12 倍。

2．被试人员

实验招募 12 名被试人员，包括 9 名男性和 3 名女性，年龄分布为 22～26 岁。所有被试人员都有使用深度摄像头设备的经验。

3．实验设备

实验使用了微软 Kinect 深度摄像头和一个 42 英寸的电视显示屏，分辨率为 1024 像素×768 像素。深度摄像头能够记录用户的手势，在 1.2～3.5m 距离位置的深度分辨率为 11 位。开发商建议的距离为 1220～3810mm。根据官方手册，Kinect 的精度随着距离增大逐渐降低，当距离是 1.2m 时精度为 3mm。

本实验还开发了后端系统用于识别手臂手势并记录用户的绩效数据。在系统中，使用 0.8s 作为区分 Dwelling 手势和正常运动手势的阈值。当用户手臂运动停止时间大于等于 0.8s 时，则被识别为 Dwelling 手势；当用户手臂运动停止时间小于 0.8s 时，则被认为是运动中的正常暂停。本实验选择 0.8s 作为阈值，是参考了研究者们对六自由度运动的研究成果[49]。

4．实验过程

在实验开始之前，工作人员首先向每名被试者解释每个实验任务的目标，并演示了如何使用手势来控制光标和确认命令，然后给被试者充分的练习时间来掌握这些操作。

在每名被试者开始测试之前，该系统必须首先校准被试者的手臂长度与显示屏幕高度之间的映射关系。每名被试者需要站在距离显示屏 2m 左右的位置，在伸展动作中手部移动范围距离屏幕为 1.2～2m。为了充分地伸展手臂，被试者首先把前臂尽可能地往回收同时保持手掌朝前且上臂紧靠身体，然后手尽力水平前伸，身体的其他部分保持不动。

通过测量 Stretching 过程中的深度变化，系统将获得手臂运动轨迹的长度，然后构造一个线性函数，将长度映射到屏幕上的 732 个像素上。这是除去起始矩形的 36 个像素后，屏幕上垂直空间的可用尺寸。

因为 Kinect 的精度是 3mm，手的移动距离大概是 0.8m（800mm）（1.2～2.0m 的深度距离），所以该系统的准确度约为 3 个像素，由以下公式得出：

$$准确度=\frac{总伸展距离对应的像素值}{摄像机可识别的层级}=\frac{732}{\frac{800}{3}}=2.745像素$$

校准过程结束后，被试者用 10 分钟进行热身练习，以便熟悉选择任务和命令确认手势。被试者要求尽可能快和准确地执行任务。

当一项任务开始时，被试者会听到较长的“嘟”声，提示该任务开始。当接收到用户的命令确认手势后，系统会发出较短的“嘟”声，提示任务结束。

本实验选择了 4 种目标物体距离，即目标物体到屏幕底部的距离，它们分别为 134 像素、268 像素、402 像素、536 像素。这 4 种距离被用在任务的 7 个深度层级中，如图 4.41 的四条水平线所示，与这些线相交的矩形即为 7 个深度层级中使用的目标物体。

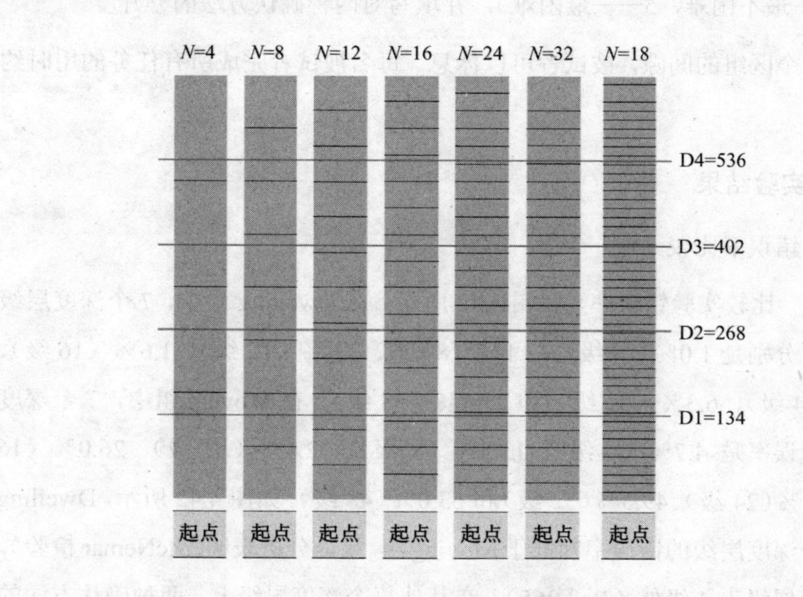

图 4.41　目标距离和目标物体

本实验使用了两种方法来减少顺序效应的影响。首先，对确认手势这一变量采用了区组实验设计的方法。所有具有相同确认手势的任务被放进同一个区组中，所以得到两个区组，即 Dwelling 区组和 Moving 区组。12 名被试者被随机分成两组：一组先做 Dwelling 区组再做 Moving 区组，另一组的顺序相反。在每个区组中，具有不同目标物体的距离和深度层级的任务随机分布。

每名被试者都要执行两种确认方法及每种确认方法里的 28 项任务。每项任务重复 4 次，这样就可以得到更可靠的用户绩效数据。实验收集到 12 名被试者的 2688 个实验数据（28 项任务×4 次重复×2 种确认方法×12 人）。在每次实验中，收集任务的出错数据（选择了错误的目标物体）用以计算各种条件下的错误率（ER）。

在实验结束后，被试者需要填写一个简短的问卷，用于收集他们对任务和确认方法的主观看法。被试者用五点李克特量表来排序 7 个深度层级的任务难度（1——最不困难，5——最困难），并填写对两种确认方法的喜好度。

在两个区组的间隙，被试者可以休息。每名被试者完成所有任务的用时约 20 分钟。

5. 实验结果

（1）错误率比较。

首先，比较实验错误率，如图 4.42 所示。在 Dwelling 组中，7 个深度层级的错误率分别是 1.0%（4 级）、2.1%（8 级）、2.6%（12 级）、1.6%（16 级）、4.7%（24 级）、6.3%（32 级）和 23.4%（48 级）。在 Moving 组中，7 个深度层级的错误率是 4.7%（4 级）、13.5%（8 级）、22.4%（12 级）、26.0%（16 级）、43.8%（24 级）、49.5%（32 级）和 63.0%（48 级）。如图 4.42 所示，Dwelling 组中每个深度层级的错误率都低于 Moving 组。统计分析表明（McNemar 检验），除了深度层级为 4 级外（P=0.065），在其他每个深度层级上，两种确认方法的错误率都存在显著差异（P<0.001）。

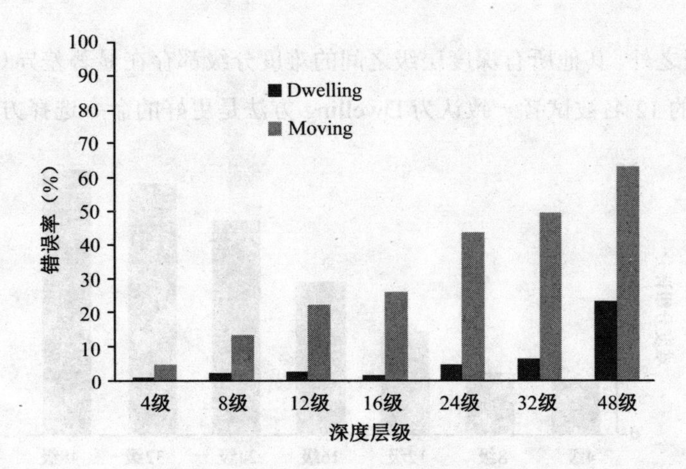

图 4.42　所有任务的平均错误率

进一步分析在每种确认方法中，不同深度层级之间的错误率差异。对于 Dwelling 组，Cochran Q Test 显示深度层级因素对错误率存在主要影响（$P<0.001$）。配对比较（Wilcoxon Test）显示，深度层级 4 级、8 级、12 级和 16 级之间没有显著差异，但深度层级 48 级的错误率显著高于其他深度层级（$P<0.001$）。把深度层级 24 级和 32 级综合分析，发现这两个层级与其他一些层级相比，错误率有显著的增加（$P_{24\ \mathrm{vs}\ 4}=0.033$，$P_{32\ \mathrm{vs}\ 4}=0.006$，$P_{32\ \mathrm{vs}\ 8}=0.038$，$P_{32\ \mathrm{vs}\ 16}=0.018$）。

对于 Moving 组，Cochran Q Test 也显示了深度层级因素对错误率的主要影响（$P<0.001$）。配对比较（Wilcoxon Test）显示，除了 12 级和 16 级（$P=0.209$）、24 级和 32 级（$P=0.130$）之外，其他所有深度层级之间的错误率都存在显著差异（$P<0.01$）。

（2）任务难度的主观评分。

根据用户的评分，深度层级从 4 级到 48 级的任务难度分级的众数和四分位距（IQR）分别为 1（IQR=1–1）、1（IQR=1–1）、2（IQR=2–2）、3（IQR=2–3）、4（IQR=4–4）、5（IQR=5–5）、5（IQR=5–5）。其中，1——最不困难，5——最困难，如图 4.43 所示。配对比较（Wilcoxon Test）显示，除了 4 级和 8 级、32

级和 48 级之外，其他所有深度层级之间的难度分级都存在显著差异（$P<0.05$）。参与实验的 12 名被试者一致认为 Dwelling 方法是更好的命令选择方法。

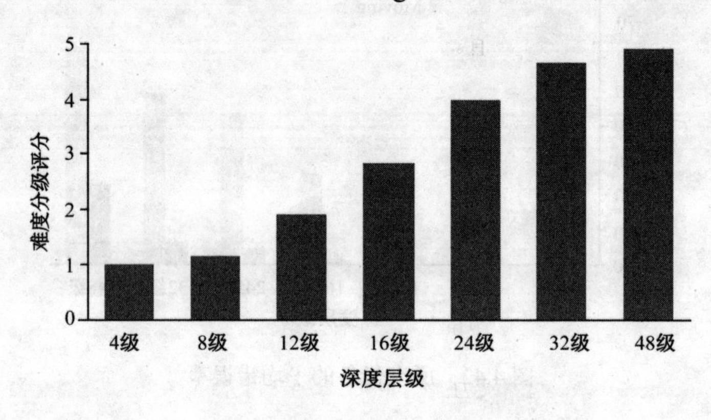

图 4.43　任务难度的主观评分

6. 实验讨论

（1）确认方法。

数据显示，从控制错误率的角度考虑，与 Moving 手势相比，Dwelling 手势是一种更好的命令确认手势。被试者的反馈也证明他们更喜欢 Dwelling 手势。这可能是因为与 Moving 手势相比，Dwelling 手势对 Stretching 的深度数据干扰较少。使用 Dwelling 手势时，用户只需要保持手臂的当前位置不动，等待系统的确认响应，不会干扰 Stretching 的距离。但是，使用 Moving 手势时，手臂的动作可能会导致 Stretching 距离的变化。由于精度相对较高的深度摄像头（2.3m 范围内 11 位分辨率）对微小的距离变化比较敏感，Moving 手势带来的距离变化可能会导致光标位置的变化，从而使目标物体选择出现错误。

需要指出的是，如果使用 Dwelling 手势作为命令确认手势，当用户的 Stretching 动作过于缓慢时，系统有可能会将其错误地识别为 Dwelling 手势。正如前面所提到的，实验设置了一个时间阈值 0.8s 作为衡量 Dwelling 手势的标准。在实验中没有发现系统将 Stretching 误识别为 Dwelling 手势的情况，这说明阈值设置是合理的。当然，阈值也可以进一步优化，一个可能的方法是为每名用户提供不同的时间阈值。

（2）深度层级。

实验结果发现，在两种处理方法中，随着任务深度层级的逐渐增加，被试者完成任务时的错误率和穿越次数（Numbers of Crossing）都会逐渐增加。这是由于任务的深度层级越多，任务的目标物体尺寸就越小，因此选择变得更加困难。被试者的主观打分也印证了这一结果。

基于 Stretching 手势的交互工具，必须在深度层级和任务难度之间做出平衡。深度层级越多，屏幕上就能容纳更多的选择物体。但是，也应该意识到，深度层级越多，目标物体选择也会变得越困难。如果更看重任务完成的准确性，实验数据表明，16 级是一个分界点。深度层级小于 16 级，错误率会比较低；深度层级大于 16 级，就会变得很容易出错。如果目标物体的数量非常少，那么 Dwelling 或 Moving 手势都是可以考虑的。例如，如果一个菜单只有四个菜单项，Dwelling 或 Moving 手势都是可以接受的，因为在这种深度层级下，两种方法的错误率是相等的。

4.3.3　实验二：用户深度控制的绩效研究

通过实验一，我们理解了适合用户操作的深度层级和确认手势。但是，对不同深度层级下用户如何使用 Stretching 手势进行精确的对象选择，还缺乏深入的了解。因此，在实验中，我们希望该实验结果不仅能够更精确地比较用户的绩效表现，而且能够建立模型来预测用户的绩效表现。

1. 实验设计

本实验采用两个自变量的被试内设计。第一个自变量主要提供光标位置反馈的视觉线索，它有两个自变量水平：全部视觉反馈（Full Visual Feedback，FV）和部分视觉反馈（Partial Visual Feedback，PV）。

在 FV 水平下，随着用户手臂的移动，光标总是可见的；除了目标物体以外，其他的非目标物体也是可见的。当光标进入和离开非目标对象时，矩形的颜色发生变化。

在 PV 水平下，最初目标物体、起始矩形和光标是可见的，如图 4.44 所示。当用户伸展手臂使光标离开起始矩形后，光标变得不可见；只有当光标进入目标物体后，才会重新显示；非目标物体则始终不可见。我们对 PV 水平感兴趣，是因为想了解用户是否可以单纯依靠本体感觉控制手臂的拉伸距离，从而控制光标的移动来执行目标物体的选择。在用户需要快速接触目标物体而不分配太多视觉注意力给光标的使用场景时，这些技能将会是有价值的。

图 4.44 部分视觉反馈（PV）

第二个自变量是任务难度。受 Fitts' Law[4]的启发，本实验想要探索用户绩效表现与目标物体的大小、距离之间的关系。目标物体的大小是由深度层次决定的。基于实验一的结果，我们选择了 4 个错误率较低的深度层级，分别为 4 级、8 级、12 级、16 级。相应地，可以得到 4 种不同的目标物体大小，分别为 168 像素、84 像素、56 像素、42 像素。与实验一类似，在 4 种深度层级中都使用了 4 种相同的目标物体距离，它们分别为 134 像素、268 像素、402 像素、536 像素。实验共有 16 种不同的任务难度水平（4 种目标物体大小×4 种目标物体距离）。

2．被试者和设备

16 名被试者（9 名女性和 7 名男性）参与了实验，他们的年龄分布为 23～26 岁。所有被试者都没有参加过实验一，也没有使用 Kinect 摄像头的经验。实验使用与实验一相同的 Kinect 深度摄像头、42 英寸显示屏和系统。

3．实验过程

与实验一的过程相似，首先向被试者简要介绍任务要求，接下来让系统校准每名被试者的臂长映射，并给每名被试者提供练习时间来熟悉系统和任务。

为了减少次序效应的影响，采取两个步骤。首先，对视觉反馈这一自变量采用了区组实验设计的方法。将所有具有相同视觉反馈的任务放进同一个区组中，这样就得到两个区组，即 FV 区组和 PV 区组。16 名被试者被随机分成两组，一组被试者先做 FV 区组再做 PV 区组，另一组被试者的顺序相反。在 FV 区组和 PV 区组任务的间隙，被试者可以自主休息。其次，在每一个区组内，实验平衡了目标物体尺寸这一自变量。如前所述，实验共有 16 种任务难度（4 种目标物体尺寸 × 4 种目标物体距离），要平衡这 16 种任务难度是很困难的。因此，只平衡了 4 种目标物体大小，即将 4 种深度层级进行了平衡。对于目标物体距离这一因素，采用了随机的方法进行平衡。

在每次实验中，被试者会听到长“嘟”声提示实验开始。当选择完成后，被试者使用 Dwelling 手势确认，系统识别手势后会发出很短的“嘟”声作为反馈。

实验收集两种类型的数据：任务完成时间（Movement Time，MT）和错误率（Error Rate，ER）。对于每项选择任务，每名被试者被要求完成两种视觉反馈方法。为了提高数据的可靠性，每项任务重复 8 次，因此共需要完成 4096 次实验（16 项任务 × 8 次重复 × 16 名被试者 × 2 种视觉反馈条件）。

在实验结束后，被试者需要填写一个简短的问卷，用以收集他们对手势输入的主观看法。被试者用五点李克特量表来评估任务难度，其中，1——最不困难，5——最困难。

由于个体差异，每名被试者的实验时长不同，平均完成时间约为 30 分钟。

4. 实验结果

（1）任务完成时间比较。

对于任务完成时间，在 FV 条件下，4 种深度层级（4 级、8 级、12 级、16 级）的平均任务完成时间分别为 1.06s、1.24s、1.35s、1.46s。在 PV 条件下，4 种深度层级的平均任务完成时间分别为 1.12s、1.45s、1.74s、1.94s，如图 4.45 所示。

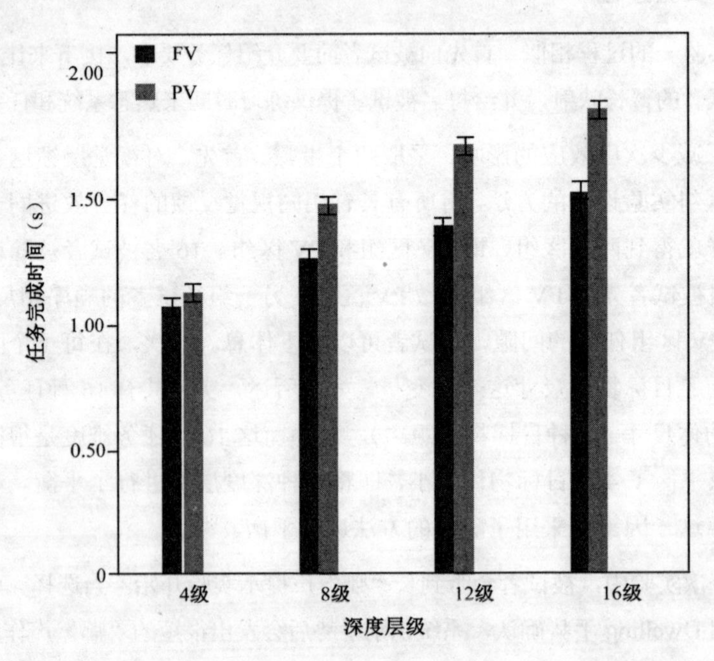

图 4.45　两种视觉反馈条件下不同深度层级的平均任务完成时间

根据 Fitts' Law[4]的方法，定义了一个新的变量，即难度指数（Index of Difficulty，ID），即

$$\mathrm{ID} = \log_2(1 + \mathrm{TargetDistance} / \mathrm{TargetSize})$$

其中，TargetDistance 指目标物体到起始矩形的距离；TargetSize 指目标物体的大小，这里对应深度层级。

然后，将运动时间（Movement Time，MT）数据代入一个线性模型，来预测在 FV 和 PV 两个条件下基于难度指数的任务完成时间，表 4.1 给出了线性回归的结果。

表 4.1　两种视觉反馈条件下 MT 的回归结果

	FV	PV
Constant	0.711*（0.018）	0.707*（0.055）
ID	0.251*（0.007）	0.358*（0.021）
R^2	0.995	0.976

注：括号内标注为标准差，*表示达到 99.9%显著水平。

图 4.46 显示了在两种视觉反馈条件下的线性回归结果，任务难度指数 ID 是由目标距离和目标大小决定的，可以有效预测任务完成时间。

（2）错误率比较。

首先比较在 FV 和 PV 条件下 4 种深度层级的错误率。如图 4.47 所示，在 FV 条件下，4 种深度层级的错误率分别是 2.3%（4 级）、5.1%（8 级）、5.9%（12 级）、5.1%（16 级）；在 PV 条件下，相应深度层级对应的错误率分别是 19.9%（4 级）、43.0%（8 级）、45.3%（12 级）、44.5%（16 级）。统计结果表明，在 FV 条件下，各深度层级的错误率都低于在 PV 条件下同等深度层级的错误率；在同等深度层级中，FV 条件下和 PV 条件下的错误率都存在显著差异（P<0.001）。

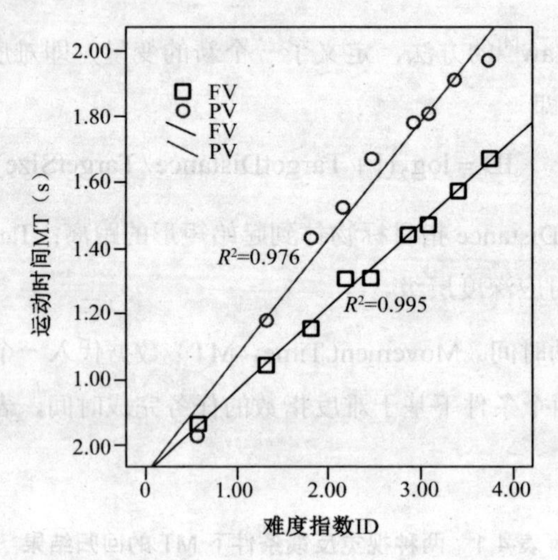

图 4.46　两种视觉反馈条件下 MT 与 ID 的线性关系

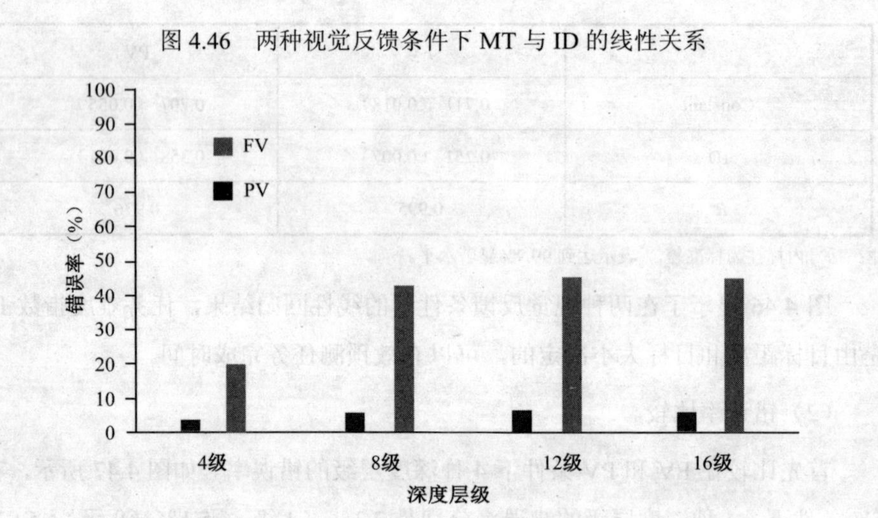

图 4.47　两种视觉反馈条件下，不同深度层级的平均错误率

进一步分析每种视觉反馈条件下，不同深度层级间错误率的差异。对于 FV 处理，Cochran’s Q Test 结果显示深度层级对错误率没有显著影响。对于 PV 处理，Cochran’s Q Test 显示，深度层级对错误率有显著影响（P<0.001），配对比较（Wilcoxon Test）显示以下三对层级之间存在显著差异：深度层级 4 级和

深度层级 8 级（$P<0.001$），深度层级 4 级和深度层级 12 级（$P<0.001$），深度层级 4 级和深度层级 16 级（$P<0.01$）。其他两两比较没有显著差异，具体如下：深度层级 8 级和深度层级 12 级（$P=0.294$），深度层级 8 级和深度层级 16 级（$P=0.395$），深度层级 12 级和深度层级 16 级（$P=0.489$）。

（3）任务难度主观评分。

任务难度主观评分的趋势与实验一是相同的，如图 4.48 所示。随着任务深度层级的增加，用户主观评价的任务难度也逐渐增加。FV 和 PV 这两种视觉反馈方法相比，所有被试者都支持 FV 视觉反馈方法。

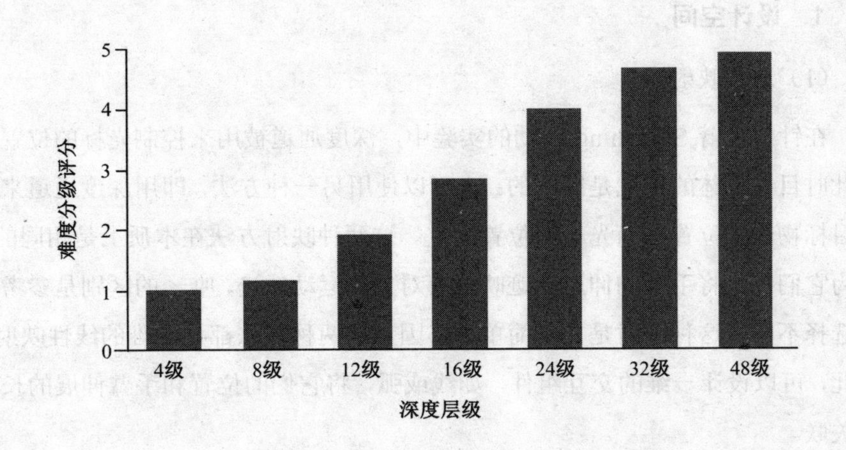

图 4.48　任务难度的主观评分

5. 实验讨论

实验数据显示，FV 和 PV 两种视觉反馈方法相比，FV 在错误率和任务完成时间方面都有更好的用户表现，即错误率更低、任务完成时间更短。这一结果说明，设计基于 Stretching 手势的交互工具时，必须要考虑使用合适的视觉反馈形式。

虽然两种视觉反馈条件的任务完成时间存在显著差异。但是数据表明，这两种条件下的任务完成时间和任务难度指数之间都存在线性关系。根据这个结果，研究者就能够理解和预测复杂 Stretching 交互中的用户行为。

4.3.4 交互设计

根据前面的研究结果及以往研究[55]的启发，对 Stretching 交互组件的设计空间进行了探究，针对用户界面提供了一系列使用场景，并且对 Stretching 交互组件提出了一些概念设计，同时也提出了一些设计建议。

1. 设计空间

（1）通道映射。

在针对手臂 Stretching 运动的实验中，深度通道被用来控制光标的位置，而此时目标物体的位置是固定的；也可以使用另一种方法，即用深度通道来控制目标物体的位置，而光标的位置固定。这两种映射方法在本质上是相同的，因为它们都是将手臂的伸展轨迹映射为对象的运动轨迹，唯一的区别是参考点的选择不同。这种映射是非常简单的，因为这两种方法都是一维的线性映射。因此，可以设计一维的交互组件，如线或弧，将它们的位置和手臂伸展的长度相关联。

物体运动轨迹的方向应尽可能地与手臂运动方向一致，否则，就需要更多的时间来训练用户熟悉映射关系。在前面的两个实验中，也观察到一些被试者试图通过手臂的上下运动，而不是伸展运动来控制光标的上下移动。这是因为手臂的上下运动能更好地匹配光标的上下移动，是一种更自然的映射。当然经过练习，被试者也能够很容易地通过伸展运动控制光标的向上和向下运动。

除了这种线性轨迹的映射，深度通道信息也可以映射到其他非轨迹的对象属性控制上，如大小、方向等。这些映射可以丰富对象操作语言。在这些映射中，Widget 的视觉呈现需要给用户一定的提示，帮助用户理解对象的属性和手臂的伸展距离之间的联系。对于对象大小这一属性来说，这种映射是比较直观的，因为伸展手臂会将物体推远，距离远的物体看上去较小，因此用户容易理解 Stretching 手势和对象大小间的关系。使用手臂伸展来控制物体的方向也是可行的，虽然可能需要用户学习和熟悉手臂伸展方向与物体旋转方向之间的相关性。

（2）离散与连续。

Stretching 行为可以用来执行离散和连续任务。离散任务包括菜单选择、模式切换等。针对离散任务，可以根据具体交互任务的需要，将 Stretching 交互组件设计成不同的形式，如垂直菜单、水平菜单、饼形菜单等，并对不同形式的菜单选择合适的映射参数。连续任务包括移动物体或在空间中导航。对于连续任务，Stretching 组件可以设计成一维形状（如线、圆），随着用户手臂的移动，光标沿着组件形状不断移动，给用户提供当前参数的实时反馈。

（3）二维与三维。

在二维空间中设计 Stretching 组件是比较简单的。使用 Stretching 手势控制二维物体的位置时，可以采用简单的线性映射函数。虽然前文针对 Stretching 运动的两个实验都是在二维空间中进行的，但是研究结果也可以用于三维空间中 Z 轴方向的导航或对象移动。

需要注意的是，如果将 Stretching 运动映射到三维空间，系统要使用透视投影。在这种透视投影中，用户所在空间 X—Y 平面的比例在投影平面中会保持不变，但用户手臂在 Z 轴上的移动距离通常会映射到投影平面的 Y 轴上，这种映射往往是非线性的。因此，具有不同 Z 轴距离的同样大小的物体在视觉上的大小却不相同，物体离观察者越近，看上去就会越大。然而，这种非线性转换不影响使用 Stretching 手势控制 Z 轴参数。这是因为 Z 轴的运动都使用同样的非线性函数进行映射，所以，从用户角度来看，手臂伸展与 Z 轴距离呈线性关系。

将 Stretching 运动映射到三维空间时应仔细考虑两个问题。第一，必须设置沿 Z 轴的距离范围。非线性映射使得在有限的屏幕尺寸上能够呈现一个非常

大的 Z 方向距离范围；但是在非线性函数下，远距物体只有几个像素的分别，所以用户很难控制。如果 Z 轴没有明确定义的端点，用户就很难准确地选择和操作远距物体。通过设置范围和范围可调，可以帮助用户在合理的范围和可接受的准确性下与对象进行交互。第二，非线性映射使屏幕上物体在 Y 方向的移动速度与 Z 轴不同。当移动物体时，用户可能会看到相同的手臂伸展距离会对应屏幕上不同像素的位移距离。虽然在 3D 世界中速度的感知通常可以由 3D 展示中的其他深度线索来补偿，但用户可能需要额外的训练来帮助理解 2D 展示和 3D 展示之间不同的操作。

2. Stretching 手势的使用场景

（1）视图控制。

在与图像和地图进行交互时，用户经常需要缩放视图来控制画面呈现的粒度，即放大、缩小当前视图。在桌面环境中，缩放操作通常通过指点设备完成（有时也使用键盘）。在平板电脑环境中，缩放操作通常使用手指手势完成。Stretching 手势则适用于用户距离屏幕较远，并且没有可用的指点设备或键盘的使用场景（例如，浏览客厅电视上的图片）。在这种情况下，用户可以使用 Stretching 手势推远或拉近图片和地图，使它们放大或缩小显示。要设计这样的工具，只需要将手臂伸展的距离映射为屏幕上对象的显示比例。

（2）速度控制。

根据上述研究结果，Stretching 手势可以用来促进电脑游戏设计。尽管目前市场上的一些游戏平台已经使用了 Stretching 手势进行交互，但这些手势主要用来启动游戏开始命令或执行特定操作（如打球），并没有被用来控制和调整参数。在上一节中，已经构建了能够预测用户 Stretching 行为绩效表现的可靠模型。因此，赛车等电子游戏可以考虑使用 Stretching 手势控制一些对精度有要求的定量参数，如车速等。要做到这一点，设计者只需要建立手臂伸展距离到相关参数（如速度）的合理映射。

3．Stretching 交互组件概念设计

基于对 Stretching 手势设计空间和使用场景的探索，本节提供了 Stretching 交互组件的一些概念设计（见图 4.49）。图中第一排是为离散任务所做的组件设计，从左到右依次为垂直菜单、伸展菜单和三维菜单；第二排是为连续任务所做的设计，包括滑动条、连续伸展控制组件和三维位置/轨迹控制组件。

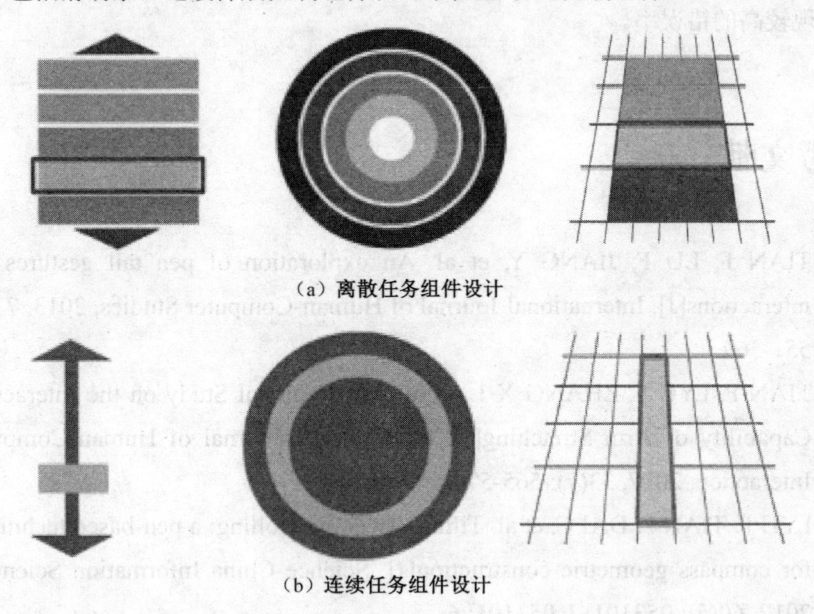

（a）离散任务组件设计

（b）连续任务组件设计

图 4.49　Stretching 交互组件概念设计

4．设计建议

根据研究成果，本节制定了一系列针对 Stretching 组件的设计建议。

（1）组件的位置和尺寸。由于 Stretching 任务完成时间与任务难度存在线性关系，因此，设计者应使目标物的尺寸尽可能大、距离尽可能近，以降低任务难度。

（2）深度层级。在完全视觉反馈下，组件控制的深度层级最多可以分为 16 级；但是在无法提供完全的视觉反馈时，应减少到 4 级。

（3）视觉反馈。为了提高任务绩效，应尽可能提供光标位置的实时视觉反馈。如果无法提供视觉反馈，只能依靠用户的本体感觉，交互组件应该足够大并能容许一定的误差。

（4）确认方法。Dwelling 手势的错误率较低，因此可以列为优先考虑的手势确认方法。如果必须使用 Moving 手势，深度层级最好控制在 4 级以内，以避免出现较高的错误率。

参考文献

[1] TIAN F, LU F, JIANG Y, et al. An exploration of pen tail gestures for interactions[J]. International Journal of Human-Computer Studies, 2013, 71(5): 551-569.

[2] TIAN F, LYU F, ZHANG X L, et al. An Empirical Study on the Interaction Capability of Arm Stretching[J]. International Journal of Human-Computer Interaction, 2017, 33(7): 565-575.

[3] LYU F, TIAN F, DAI G, et al. Tilting-Twisting-Rolling: a pen-based technique for compass geometric construction[J]. Science China Information Sciences, 2017, 60(5): 053101: 1-053101: 6.

[4] FITTS P M. The information capacity of the human motor system in controlling the amplitude of movement[J]. Journal of Experimental Psychology, 1954, 47(6): 381-391.

[5] ACCOT J, ZHAI S. Performance evaluation of input devices in trajectory-based tasks: an application of the steering law[C] //Proceedings of the SIGCHI conference on Human factors in computing systems: the CHI is the limit. May 15-20, 1999, Pittsburgh, Pennsylvania, United States. New York: ACM Press, 1999: 466-472.

[6] ACCOT J, ZHAI S. Scale effects in steering law tasks[C] //Proceedings of the SIGCHI conference on Human factors in computing systems. March 31-April 5, 2001, Seattle, Washington, United States. New York: ACM Press, 2001: 1-8.

[7] TIAN F, XU L, WANG H, et al. Tilt menu: using the 3D orientation information of pen devices to extend the selection capability of pen-based user interfaces[C] //Proceedings of the SIGCHI Conference on Human Factors in Computing Systems. April 5-10, 2008, Florence, Italy. New York: ACM Press, 2008: 1371-1380.

[8] BI X, MOSCOVICH T, RAMOS G, et al. An exploration of pen rolling for pen-based interaction[C] //Proceedings of the 21st annual ACM symposium on User interface software and technology. October 19-22, 2008, Monterey, CA, USA. New York: ACM Press, 2008: 191-200.

[9] SEOW S C, WIXON D, MORRISON A, et al. Natural user interfaces: the prospect and challenge of touch and gestural computing[C] //Proceedings of the 28th of the international conference extended abstracts on Human factors in computing systems. Atlanta, Georgia, USA. New York: ACM Press, 2010: 4453-4456.

[10] RUBINE D. Specifying gestures by example[C] //Proceedings of the 18th annual conference on Computer graphics and interactive techniques. New York: ACM Press, 1991: 329-337.

[11] LONG A C, LANDAY J A, ROWE L A. PDA and gesture use in practice: Insights for designers of pen-based user interfaces[R]. Berkeley, CA, USA: University of California at Berkeley, 1997.

[12] KRISTENSSON P-O, ZHAI S. SHARK2: A Large Vocabulary Shorthand Writing System for Pen-based Computers[C] //Proceedings of the 17th annual ACM symposium on User interface software and technology. October 24-27, 2004, Santa Fe, NM, USA. New York: ACM Press, 2004: 43-52.

[13] WOBBROCK J O, WILSON A D, LI Y. Gestures without libraries, toolkits or training: a $1 recognizer for user interface prototypes[C] //Proceedings of the 20th annual ACM symposium on User interface software and technology. October 7-10, 2007, Newport, Rhode Island, USA. New York: ACM Press, 2007: 159-168.

[14] LONG A C, LANDAY J A, ROWE L A, et al. Visual similarity of pen gestures[C] //Proceedings of the SIGCHI conference on Human factors in computing systems. April 1-6, 2000, The Hague, The Netherlands. New York: ACM Press, 2000: 360-367.

[15] CAO X, ZHAI S. Modeling human performance of pen stroke gestures[C] //Proceedings of the SIGCHI conference on Human factors in computing systems. April 28-May 3, 2007, San Jose, California, USA. New York: ACM Press, 2007: 1495-1504.

[16] ISOKOSKI P. Model for unistroke writing time[C] //Proceedings of the SIGCHI conference on Human factors in computing systems. March 31-April 5, 2001, Seattle, Washington, United States. New York: ACM Press, 2001: 357-364.

[17] CAO X, FORLINES C, BALAKRISHNAN R. Multi-user interaction using handheld projectors[C] //Proceedings of the 20th annual ACM symposium on User interface software and technology. Newport, Rhode Island, USA. New York: ACM Press, 2007: 43-52.

[18] ZHAO S, AGRAWALA M, HINCKLEY K. Zone and polygon menus: using relative position to increase the breadth of multi-stroke marking menus[C] //Proceedings of the SIGCHI conference on Human Factors in computing systems. April 22-27, 2006, Montréal, Québec, Canada. New York: ACM Press, 2006: 1077-1086.

[19] SACHS E, ROBERTS A, STOOPS D. 3-Draw: a tool for designing 3D

shapes[J]. Computer Graphics and Applications, IEEE, 1991, 11(6): 18-26.

[20] RAMOS G A, BALAKRISHNAN R. Pressure marks[C] //Proceedings of the SIGCHI conference on Human factors in computing systems. April 28-May 3, 2007, San Jose, California, USA. New York: ACM Press, 2007: 1375-1384.

[21] RAMOS G, BOULOS M, BALAKRISHNAN R. Pressure widgets[C] //Proceedings of the SIGCHI conference on Human factors in computing systems. April 24-29, 2004, Vienna, Austria. New York: ACM Press, 2004: 487-494.

[22] GROSSMAN T, HINCKLEY K, BAUDISCH P, et al. Hover widgets: using the tracking state to extend the capabilities of pen-operated devices[C] //Proceedings of the SIGCHI conference on Human Factors in computing systems. April 22-27, 2006, Montréal, Québec, Canada. New York: ACM Press, 2006: 861-870.

[23] TIAN F, AO X, WANG H, et al. The tilt cursor: enhancing stimulus-response compatibility by providing 3d orientation cue of pen[C]//Proceedings of the SIGCHI Conference on Human Factors in Computing Systems. April 28-May 3, 2007, San Jose, California, USA. New York: ACM Press, 2007: 303-306.

[24] LI Y, HINCKLEY K, GUAN Z, et al. Experimental analysis of mode switching techniques in pen-based user interfaces[C]//Proceedings of the SIGCHI conference on Human factors in computing systems. April 2-7, 2005, Portland, Oregon, USA. New York: ACM Press, 2005: 461-470.

[25] SAUND E, LANK E. Stylus input and editing without prior selection of mode[C]//Proceedings of the 16th annual ACM symposium on User interface software and technology. Vancouver, Canada. New York: ACM Press, 2003: 213-216.

[26] HINCKLEY K, BAUDISCH P, RAMOS G, et al. Design and analysis of

delimiters for selection-action pen gesture phrases in scriboli[C]// Proceedings of the SIGCHI conference on Human factors in computing systems. April 2-7, 2005, Portland, Oregon, USA. New York: ACM Press, 2005: 451-460.

[27] GUIMBRETI RE F, MARTIN A, WINOGRAD T. Benefits of merging command selection and direct manipulation[J]. ACM Trans Comput-Hum Interact, 2005, 12(3): 460-476.

[28] SUZUKI Y, MISUE K, TANAKA J. Stylus enhancement to enrich interaction with computers[C]//Proceedings of the 12th International conference on Human-Computer Interaction, Beijing, China. Berlin: Springer, 2007: 133-142.

[29] LANDAY J A. SILK: sketching interfaces like krazy[C]//Conference companion on Human factors in computing systems: common ground. Vancouver, British Columbia, Canada. New York: ACM Press, 1996: 398-399.

[30] PEDERSEN E R, MCCALL K, MORAN T P, et al. Tivoli: an electronic whiteboard for informal workgroup meetings[C]//Proceedings of the INTERACT '93 and CHI '93 conference on Human factors in computing systems. April 24-29, 1993, Amsterdam, The Netherlands. New York: ACM Press, 1993: 391-398.

[31] ACCOT J, ZHAI S. Beyond Fitts' law: models for trajectory-based HCI tasks[C]//Proceedings of the SIGCHI conference on Human factors in computing systems. March 22-27, 1997, Atlanta, Georgia, United States. New York: ACM Press, 1997: 295-302.

[32] GILBERTSON P, COULTON P, CHEHIMI F, et al. “Usingtilt” as an interface to control“no-button”3-D mobile games[J]. Computers in Entertainment, 2008, 6(3): 1-13.

[33] XIN Y, BI X, REN X. Acquiring and pointing: an empirical study of pen-

tilt-based interaction[C]//Proceedings of the SIGCHI Conference on Human Factors in Computing Systems. May 7-12, 2011, Vancouver, BC, Canada. New York: ACM Press, 2011: 849-858.

[34] LI Y. Protractor: a fast and accurate gesture recognizer[C] //Proceedings of the 28th international conference on Human factors in computing systems. April 10-15, 2010, Atlanta, Georgia, USA. New York: ACM Press, 2010: 2169- 2172.

[35] FIŠER J, ASENTE P, SCHILLER S, et al. Advanced drawing beautification with ShipShape[J]. Computer & Graphics, 2016, 56(C): 46-58.

[36] IGARASHI T, MATSUOKA S, KAWACHIYA S, et al. Interactive beautification: a technique for rapid geometric design[C]//Proceedings of the 10th annual ACM symposium on User interface software and technology. Banff, Alberta, Canada. New York: ACM Press, 1997: 105-114.

[37] CHEEMA S, GULWANI S, LAVIOLA J. QuickDraw: improving drawing experience for geometric diagrams[C]//Proceedings of the SIGCHI Conference on Human Factors in Computing Systems. May 5-10, 2012, Austin, Texas, USA. New York: ACM Press, 2012: 1037-1064.

[38] DAUGHTRY J M, AMANT R S. Power tools and composite tools: integrating automation with direct manipulation[C]//Proceedings of the 8th international conference on Intelligent user interfaces. January 12-15, 2003, Miami, Florida, USA. New York: ACM Press, 2003: 233-235.

[39] GULWANI S, KORTHIKANTI V A, TIWARI A. Synthesizing geometry constructions[C]//Proceedings of the Conference on Programming Language Design and Implementation. June 4-8, San Jose, California, USA. New York: ACM Press, 2011: 50-61.

[40] WILSON A D. Using a depth camera as a touch sensor[C]//ACM International Conference on Interactive Tabletops and Surfaces. November 7-10,

2010, Saarbrücken, Germany. New York: ACM Press, 2010: 69-72.

[41] WILSON A D, BENKO H. Combining multiple depth cameras and projectors for interactions on, above and between surfaces[C]//Proceedings of the 23nd annual ACM symposium on User interface software and technology. October 3-6, 2010, New York, New York, USA. New York: ACM Press, 2010: 273-282.

[42] BENKO H, WILSON A. Depth Touch: Using Depth-Sensing Camera to Enable Freehand Interactions On and Above the Interactive Surface[R]. Microsoft Research, 2009.

[43] HOLZ C, WILSON A. Data miming: inferring spatial object descriptions from human gesture[C]//Proceedings of the 2011 annual conference on Human factors in computing systems. May 7-12, 2011, Vancouver, BC, Canada. New York: ACM Press, 2011: 811-820.

[44] HINCKLEY K, PAUSCH R, GOBLE J C, et al. A survey of design issues in spatial input[C]//Proceedings of the 7th annual ACM symposium on User interface software and technology. November 2-4, 1994, Marina del Rey, California, United States. New York: ACM Press, 1994: 213-222.

[45] COCKBURN A, QUINN P, GUTWIN C, et al. Air pointing: Design and evaluation of spatial target acquisition with and without visual feedback[J]. International Journal of Human-Computer Studies, 2011, 69(6): 401-414.

[46] POUPYREV I, WEGHORST S, BILLINGHURST M, et al. Egocentric object manipulation in virtual environments: Empirical evaluation of interaction techniques[J]. Computer Graphics Forum, 1998, 17(3): 41-52.

[47] GROSSMAN T, BALAKRISHNAN R. The design and evaluation of selection techniques for 3D volumetric displays[C] //Proceedings of the 19th annual ACM symposium on User interface software and technology. October 15-18, 2006, Montreux, Switzerland. New York: ACM Press, 2006: 3-12.

[48] NI T, MCMAHAN R P, BOWMAN D A. rapMenu: Remote Menu Selection Using Freehand Gestural Input[C]//IEEE Symposium on 3D User Interfaces, 8-9 March 2008, Reno, Nevada, USA. IEEE: 55-58.

[49] ZHAI S. Human performance in six degree of freedom input control[D]. Toronto: University of Toronto Graduate Department of Industrial Engineering, 1995.

[50] MINE M R, FREDERICK P. BROOKS J, SEQUIN C H. Moving objects in space: exploiting proprioception in virtual-environment interaction[C]//Proceedings of the 24th annual conference on Computer graphics and interactive techniques. New York: ACM Press, 1997: 19-26.

[51] GROSSMAN T, BALAKRISHNAN R. Pointing at trivariate targets in 3D environments[C] //Proceedings of the SIGCHI conference on Human factors in computing systems. April 24-29, 2004, Vienna, Austria. New York: ACM Press, 2004: 447-454.

[52] WARE C, BALAKRISHNAN R. Reaching for objects in VR displays: lag and frame rate[J]. ACM Trans Comput-Hum Interact, 1994, 1(4): 331-356.

[53] Kinect[EB/OL]. http://www.xbox.com/kinect.

[54] JONES J A, J. EDWARD SWAN I, SINGH G, et al. The effects of virtual reality, augmented reality, and motion parallax on egocentric depth perception[C] //Proceedings of the 5th symposium on Applied perception in graphics and visualization. August 9-10, 2008, Los Angeles, California. New York: ACM Press, 2008: 9-14.

[55] BIER E A, STONE M C, FISHKIN K, et al. A taxonomy of see-through tools[C]//Proceedings of the SIGCHI conference on Human factors in computing systems: celebrating interdependence. Boston, Massachusetts, United States. New York: ACM Press, 1994: 358-364.

第5章

基于现实的交互界面评估方法

界面评估方法能够有效地指导设计和选择较优的方案，从而提高界面设计的质量，提升用户的工作效率和产品体验。本章介绍了适用于基于现实的交互界面的定量评估模型、定性评估方法、生理评估方法[1]、统一评估框架及其应用实例[1,2]。

5.1 定量评估模型

用户界面评估模型是人机交互领域的一项重要研究课题。正如人机交互领域的先驱 Card、Newell 和 Moran 在 20 世纪 80 年代指出的，用户界面评估模型的研究目的是为人类绩效提供工程模型[3]，它可以有效地指导设计，帮助设计者在界面开发的早期分析用户的行为和表现，将设计空间缩小到具体并合理的范围，并且为设计备选方案提供早期分析；也可以在模型开发完成后指导评估设计和选择较优的设计方案，从而指导和提高界面设计的质量，提高计算机的可用性和工作效率。此外，用户界面评估模型还可以用来分析人机交互中哪些阶段的行为花费时间最长或产生错误最多，以此来指导研究者们探索未来可能的新兴界面形态和技术。

1. GOMS 和 KLM 模型

在 WIMP 时代，研究者们开发了大量的界面评估模型，最具代表性的经典理论模型是 20 世纪 80 年代由 Card、Moran 和 Newell 提出的 GOMS 模型[3]，它描述了用户执行计算机交互任务所必需的知识，以及专家用户熟练执行任务的四种认知组件。

目标（Goals）——指用户通过执行任务而获取的最终想要得到的结果，可以在不同层次中进行定义。

操作（Operators）——指任务分析到最低层时的行为，是用户为了完成任务所必须执行的基本动作。

方法（Methods）——用来描述如何完成目标的过程。一种方法从本质上来说是内部的算法，用来确定子目标序列及完成目标所需要的操作。

选择规则（Selection Rules）——指用户要遵守的判定规则，以确定在特定环境下所要使用的方法。当有多种方法可供选择时，并不是进行一个随机的选择，而是尽量预测用户会使用哪种方法。这需要根据特定的用户、系统的状态、目标的细节来预测要选择哪种方法。

GOMS 模型能够有效预测用户完成特定交互任务的无差错工作时间、错误率及学习负荷，为指导界面设计、评估与选择较优设计方案、优化设计提供了重要准则。基于 GOMS 理念，研究者们又开发了一系列相关的模型。John 提出了面向并行活动的 GOMS 版本 CPM-GOMS[4]，Kieras 则开发出定义更为严谨的自然 GOMS 语言（NGOMSL）[5]。GOMS 经典模型及其衍生模型在人机交互领域得到了广泛重视及应用[3~6]。

Card、Newell 和 Moran 还创建了击键级别模型 KLM（Keystroke-level Model）[3]。KLM 是一种面向行为层的量化方法，它在 GOMS 任务分解的基础上对用户执行情况进行量化预测，可以比较使用不同策略完成任务的时间。Card 等将用户交互行为分解为几个元动作，如击键、指向、定位、归位，并分析了许多用户的交互行为，通过大量研究测试和数据来分析每个元动作的平均时长，得出了一组标准的评估时间，如表 5.1 所示。通过这些元动作的标准时间能够预测出完成交互任务需要的操作时间，从而评估不同的界面设计方案。

表 5.1 KLM 参数[3]

名 称	典 型 值	含 义
击键 K	0.35s（平均）	敲击键盘上一个键所需时间
	0.22s（熟练）	
指向 P	1.10s	用户指向显示器上某一位置所需时间
定位 P_1	0.20s	点击鼠标或类似设备
归位 H	0.40s	用户将手从键盘移动到鼠标或从鼠标移动到健盘的时间
心理准备 M	1.35s	用户进入下一步所需的心理准备时间

GOMS 模型，尤其是衍生的 KLM 很好地量化了用户无差错交互的执行时间。事实上，这些参数也非常稳定，因此可以预测用户在新情境中的行为，而不需要再次从数据中判断参数。这种特性使得 GOMS 和 KLM 模型在设计实践中具有非常显著的实用价值。

2. CoDeIn 模型

在直接操纵时代，WIMP 界面范式是最普遍的交互风格；而在基于现实的交互界面中，交互表征更加多样化，每一种交互类型都有允许用户交互和控制数据的独特方式。认知描述与交互评估模型（Cognitive Description and Evaluation of Interaction，CoDeIn），是一种针对不同交互风格进行任务描述和比较的框架，能够对任务完成时间进行定量评估[7]。CoDeIn 模型提供了一个描述基于现实的交互界面中数据表征和交互方式的通用词汇表，包括用户界面中存在的三种对象：数据对象、交互对象、中间对象。这使得 CoDeIn 能够用一种统一的方法表达不同交互风格的组成部分。

（1）数据对象（Data Objects）。数据对象是用来描述某种交互风格中独立的数据实体或实体组合的表征。一个数据对象可以包含其他的数据对象，也可以与另外的数据对象组合构成更复杂的数据对象。

（2）交互对象（Interaction Objects）。交互对象是用户能感知到的与数据对象交互的工具，它使用户能够对数据对象的性能、状态和属性进行操作。交互对象不一定只作用于一个数据对象，也可以作用于一组数据对象。有时，也需要多个交互对象组合来完成期望目标。

（3）中间对象（Intermediary Objects）。中间对象是用户用来操纵交互对象的物理对象。在任何界面风格中，中间对象通常都是物理实体，而非虚拟物品。

在基于现实的交互任务时间评估方面，CoDeIn 比现有基于模型的评估方法更精确。这种精确性是由于 CoDeIn 独创地对用户完成任务所需的知识进行了抽离和分辨，因此能够通过对所需知识的评估建立用户的绩效表现和任务完成时间模型。

3. Fitts' Law 及其扩展模型

作为人机交互领域中少数稳固和预测性的工程模型。Fitts' Law[8]描述了任务难度指数和移向目标的运动时间之间的线性关系。其中，任务难度指数由到目标的距离及目标的大小决定。根据 Fitts' Law，目标越小，距离越远，移动到目标位置的时间就越长。另外，目标越小，所要求的移动速度就越快，失误率也就越高，因为操作的准确性和协调性会大幅降低。Fitts' Law 广泛应用于各种指点任务分析中，它提供的预测往往非常接近实际测量值。许多实验证明，Fitts' Law 不仅适用于手部的指点运动，也适用于其他肢体的指点运动，如头部[9]、脚部[10]及眼部[11]。

在基于现实的交互界面中，交互方式更加多样化，研究者们基于不同的交互方式对 Fitts' Law 做了大量的扩展研究。人机交互著名学者 Zhai 和法国航空研究中心的 Johnny Accot 借鉴了 Fitts' Law 的思路，针对基于轨迹的交互，通过大量实验得出了 Steering Law[12]，并对其进行了深入探索与研究[13]。与 Fitts' Law 的指点运动相比，Steering Law 限制了动作路径，这是一种约束性更强的指向操作，它除了要把光标移到目标上，还限制了中间路径。Steering Law 广泛应用于基于 Crossing 交互的用户界面中。近年来，研究者们还提出了基于触控交互的 Fitts' Law 等最新研究成果[14]。

5.2 定性评估方法

1. 实地研究

实地研究法（Field Study）中的“实地”是其基本特征，即设计人员一定要深入到用户的生活或工作环境中，了解用户使用产品或服务的实际状态，通过观察和访谈等方法，对要研究的内容进行理解和探索[15]。实地研究法因其直接、生动和深入的特点，在政治学、社会学、心理学、设计理论研究等领域都有广泛的应用，也出现了数量众多的经典案例。在产品设计及用户调研期间，实地研究法不仅仅是收集资料的途径，更是一种可以指导设计人员工作全过程的研究方式。简而言之，实地研究的基本逻辑包括：①确定研究目标及问题；②深入到研究用户工作和生活的背景中；③通过观察和访谈等方式收集材料；④分析归纳、概括解释[16]。

2. 用户深度访谈

在定性研究调查的方法中，用户深度访谈（In-depth Interview）是一种直接的、一对一的访问形式[16]。它是一种无结构化的访谈类型，在访谈前并不设计严密的问卷和程序，而是只列出访谈提纲；在访问过程中，研究人员围绕提纲对所调查的用户进行深入的访谈，在访谈过程中得出的结论能够揭示用户的潜在动机、态度和意愿，从而发现用户最根本的需求，使得设计目标更为明确。用户深度访谈最常应用于探测性调查，在设计学、社会学等领域都有重要的地位。

3. 观察法

观察法（Observation Method），是设计研究者在一定时间内有计划、有目的地在研究现场凭借自身感知或借助一定的辅助设备观察和描述被研究用户行为表现或某种社会现象发生、发展或变化的各种外在表征，从而进行资料收集的一种研究方法。观察法主要依赖视觉获取信息，以听觉和触觉等作为辅助，还可以借助辅助手段提高资料收集的可靠性和完整性。观察法不同于日常生活中个体自发性和偶然性的一般观察，它具有特定的研究目的、观察标准和实施方案。观察法从不同角度可以分为不同的类型，根据观察的情境、观察方式的结构化程度、观察者角色等可以分为参与性观察和非参与性观察、结构式观察和非结构式观察、实验观察和自然观察[17]。

5.3 生理评估方法

随着评估技术的发展，通过生理信号对用户界面进行评估成为新兴的方法，本节以肌电图（Electromyograph，EMG）为例，从肌肉电信号中提取关键特征，利用决策树方法建立 EMG 信号特征与用户生理状态中运动负荷指标的对应关系，从而将生理特征转化为评估指标[1]。

5.3.1 概述

随着评估技术的发展，一些研究者致力于对速度和精确度等常用的用户界面度量指标之外的方法进行探索，在生理指标测量评估方法方面获得了一些进展。Lee和Tan[18]使用脑电图（Electroencephalograph，EEG）设备监控被试人员在进行脑力活动时的脑部活动状态，使用机器学习的方法分析脑电波从而推断用户的认知负载，在做简单任务分析时能达到75%的准确率。Yang[19]在2008年的ACM CHI会议上提出了基于混合现实技术的UVMODE可用性评估系统，利用EMG信号评估混合现实环境中交互的手部负载。Hirshfield等[20]提出了将脑成像技术用于界面可用性评估的思路，Girouard[21]和Frey[22]等也探索了将生理指标应用于界面评估的可行性。

生理评估方法中的重要一环是建立生理数据与评估指标之间的对应关系，尤其是从生理传感器信号获取用户生理状态指标。由于噪声、运动伪像、位移误差等因素，从传感器的原始数据获取人真实行为的精确分析和解释仍然是一项挑战。本节以 EMG 传感器为例，从生理信号中提取关键特征，利用决策树方法建立 EMG 信号特征与用户生理状态中运动负荷指标的对应关系，从而将特征转化为评估指标（见图 5.1）。

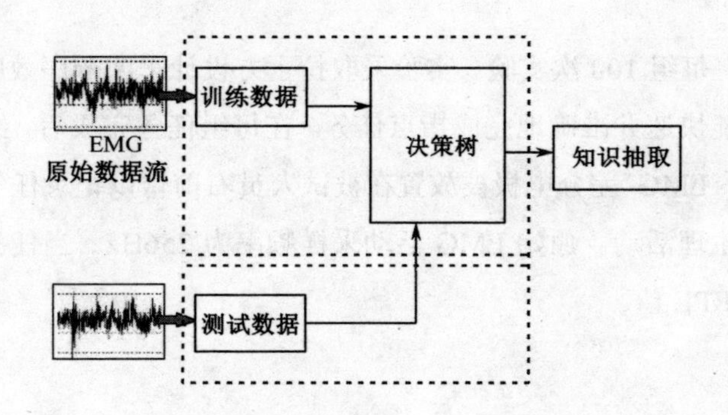

图 5.1　基于 EMG 信号的转化方法

首先，从 EMG 原始肌动电流图信号中提取时间和频域特征；其次，通过 C4.5 决策树进行深层分析。由于研究发现“主观运动强度等级”（Rating of Perceived Exertion，RPE）与许多代谢指标（如乳酸）呈高度相关[23]，因此采用被试者的平均 RPE 用于训练集运动负荷的标定。通过训练集合的学习，形成决策树分类模型，获取 EMG 数据与运动负荷指标之间的关系，从而指导此类数据成功转化为评估指标。经过充分训练之后，该决策树可以实时地分析和推断新的 EMG 数据所对应的运动负荷水平。

由于指点交互在 RBI 界面中具有一定的普遍性，因此本节以指点交互为例说明针对 EMG 信号的数据采集、特征提取和指标转化方法。

5.3.2　数据采集和实验程序

本小节描述了实验设计和数据采集的过程。被试人员在等离子书写屏上执行目标对象的指点任务，以获取一组常规水平下用户指点交互的 EMG 值。设定目标物体的宽度（*W*）为 6cm，三种运动距离（*A*）分别为 9cm、27cm、45cm，根据 Fitts' Law[24]，三种任务难度指数（Index of Difficulty，ID）分别为 ID_1=1.32、ID_2=2.46、ID_3=3.09。

实验招募 10 名被试人员（3 名女性，7 名男性），年龄分布为 21～55 岁，均为右手输入习惯。每名被试人员被要求在等离子书写屏上完成 3 组不同难度的指点任务，每组 100 次实验。实验采取拉丁方设计平衡顺序效应。被试人员被要求尽可能快速并准确地完成指点任务。在每组任务完成后，给予用户足够的休息时间。EMG 差分电极被放置在被试人员右前臂以记录任务执行过程中手臂肌肉的生理活动。原始 EMG 活动采样频率为 256Hz。当任务完成后，用户口头报告 RPE 值。

5.3.3 数据处理和特征提取

EMG 信号是一种非平稳信号，手臂的每次指点都以 EMG 脉冲形式存在，如图 5.2 所示。

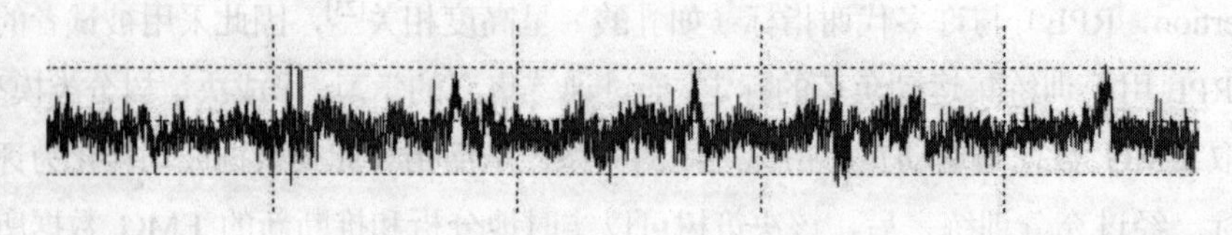

图 5.2 随机采样的 EMG 脉冲

为获得更好的采样效果，可以将数据划分为 50%重叠的连续窗口，即第一个窗口包含第 1～128 个数据，第二个窗口包含第 64～192 个数据，依次类推。由于实验中每组任务进行 100 次实验，为了保证每个窗口约有一次点击任务，将每组任务等分为 100 次，共 199 个 50%重叠的窗口样本，实验共有 199×3 组任务×10 名被试者=5970 个样本。其中，80%的样本用于训练模型，20%的样本用于测试。根据参考文献［25］中所述，可以提取六个特征，分别为时域均值、九点双平均信号均值、修正信号均值、九点双平均信号平均能量、修正信号平均能量、过零点。

5.3.4 特征转化结果

对实验数据进行分析，如图 5.3 所示，被试口头报告的 RPE 平均值为 8.77，对应的运动强度是“很轻松（Very Light）”。其中，个体评分的最高值出现在难度为3.09的任务中，评分级别是13“有点困难（Somewhat Hard）”；个体评分的最低值分别出现在难度为1.32和2.46的任务中，评分级别是6“完全没有感觉（No Exertion At All）”。关于三种难度的任务的RPE均值，难度1.32的任务的RPE均值为7“极轻松（Extremely light）”，难度2.46的任务的RPE均值为8.7“非常轻松（Very light）”，难度3.09的任务的RPE均值为10.6“轻松（Light）”。One-Way ANOVA分析显示，任务难度对RPE的主效应显著（$F=10.315$，$P<0.0001$）；不同难度的任务间存在显著差异，其中，难度1.32的任务与难度2.46的任务间，$P=0.039$；难度2.46的任务与难度3.09的任务间$P=0.022$；难度1.32的任务与难度3.09的任务间，$P<0.0001$。本节提取EMG样本的六个特征，形成训练数据和测试数据，然后决策树按任务和RPE进行分类。最终训练的决策树在训练集上的准确率为92.9%，在测试集上的准确率为80.6%。

结果证明，通过收集不同运动负荷水平下用户EMG生理信号并提取相关特征进行机器学习，能够有效分类并推断用户的任务难度，并建立和运动负荷指标的对应关系。经过充分训练之后，该决策树可以实时地分析和推断新的EMG数据所对应的运动负荷水平。本方法也可以指导其他生物传感技术进行任务和用户生理状态分类。

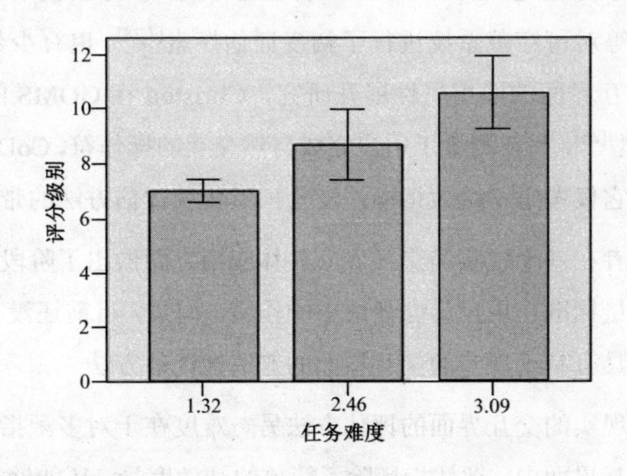

图5.3　三种任务难度的RPE均值及标准误差

5.4 基于现实层级的统一评估框架

针对当前基于现实的交互界面缺乏普适性评估方法的问题，本节提出一种统一评估框架（Unified Evaluation Model &Method，UEMM），该框架以现实感层级为基础定义评估指标，对多源数据进行采集及特征提取，并通过 AHP 方法构建指标权重模型，最终给出评估建议[1,2]。本节以基于现实的交互界面中具有代表性的笔式用户界面为例，基于 UEMM 方法对 Tilt 交互任务进行评估，获得了多维度融合的评估结果，并为 Tilt 交互提供设计建议。结果表明，该方法能够有效地体现基于现实的交互界面的特点，拓宽评估带宽，从而指导基于现实的交互界面的设计和评估。

5.4.1 背景

目前，研究者们针对新兴交互界面中某些特定交互技术和应用原型提出了一些初步的度量思路。Shakeri 等提出了触觉反馈的评价方法[26]。Kazemitabaar 等对可穿戴系统进行了初步评估探索[7,28]。也有少数研究者针对基于现实的交互界面的通用属性展开研究，Christou 在 GOMS 的基础上提出了 CoDeIn 模型[28]，重新测量了用户完成自然交互的操作符，CoDeIn 较 GOMS 更为精确，但它仅考虑了绩效指标，没有拓展传统评估方法的带宽。

虽然研究者在基于现实的交互界面具体应用方面做出了阶段性的成果，也探索了生理测量标准在用户界面评估中的作用。但是，目前还没有研究者基于理论框架提出具有基于现实的交互界面的普适性评估方法。

构建基于现实的交互界面的评估方法另一难度在于对多源指标的融合。在基于现实的交互界面中，评估指标除了简单的绩效度量，还能够扩展到更多维度，如何将不同类型的评估指标加以融合成为界面评估中亟待考虑的问题。层次分析法（Analytic Hierarchy Process，AHP）是一种定量和定性相结合的、层次化的、系统化的分析方法，可以计算出各个评估指标的权重，得出评估方案相对重要性的总排序[29~31]。本节将使用层次分析法计算评估指标权重。

5.4.2　统一评估框架 UEMM

基于现实层级的统一评估框架 UEMM，主要包括 4 个关键步骤，分别为基于现实层级定义评估指标、通过用户实验采集多源数据、对多源数据进行特征提取和指标转化、通过 AHP 方法构建指标权重模型，最终给出基于权重模型的评估建议，如图 5.4 所示。

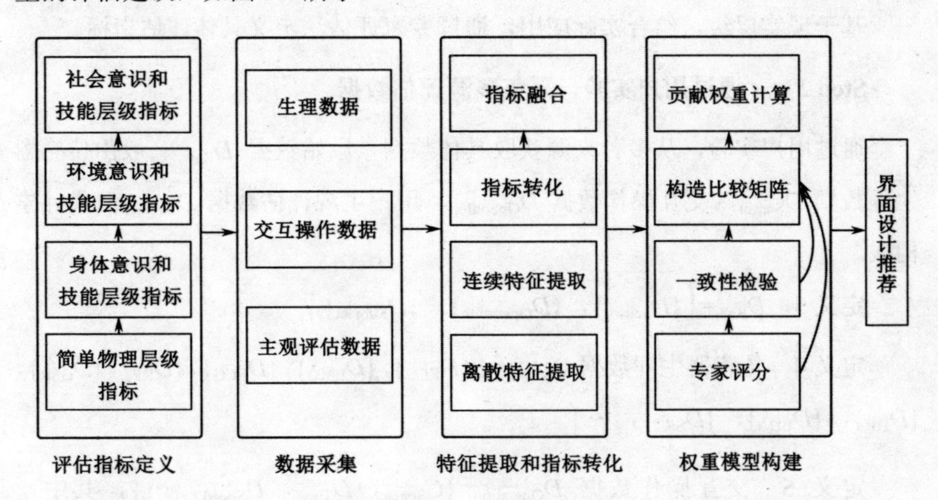

图 5.4　统一评估框架 UEMM

Step 1　　**基于现实层级，通过专家评估定义评价指标。**

基于现实层级的四个层级，将评估指标进行分析与归类。

定义 1　　$L=\{L_1, L_2, L_3, L_4\}$

在本定义中，L 表示评估指标的现实层级，共分为四层；L_1 表示简单物理层级；L_2表示身体意识和技能层级；L_3表示环境意识和技能层级；L_4表示社会意识和技能层级。

定义 2　$E=\{(E_{11}, E_{12}, \cdots, E_{1p}), (E_{21}, E_{22}, \cdots, E_{2q}), (E_{31}, E_{32}, \cdots, E_{3r}), (E_{41}, E_{42}, \cdots, E_{4s})\}$

在本定义中，E 表示基于现实层级的具体评估指标集；$E_{11}\sim E_{1p}$ 表示简单物理层级下的具体评估指标，如完成时间等；$E_{21}\sim E_{2q}$ 表示身体意识和技能层级下的具体评估指标，如疲劳度等；$E_{31}\sim E_{3r}$ 表示环境意识和技能层级下的具体评估指标，如沉浸感等；$E_{41}\sim E_{4s}$ 表示社会意识和技能层级下的具体评估指标，如协作性等。

基于现实层级，结合实际应用，通过专家评估法定义具体评估指标。

Step 2　**通过用户实验，采集多源评估数据。**

通过用户实验，从多种来源获取具体数据，原始数据 D_{Raw} 一般由传感器生理数据 D_{Sensor}、交互操作数据 $D_{\text{Operation}}$、用户主观评估数据 D_{Subject} 三类元素构成。

定义 3　$D_{\text{Raw}}=\{\{D_{\text{Sensor}}\}, \{D_{\text{Operation}}\}, \{D_{\text{Subject}}\}\}$

定义 4　传感器生理数据 $D_{\text{Sensor}}=\{\{D_{\text{EEG}}\}, \{D_{\text{EMG}}\}, \{D_{\text{ECG}}\}, \{D_{\text{RP}}\}, \{D_{\text{GSR}}\}, \{D_{\text{HR}}\}, \{D_{\text{EDA}}\}, \{D_{\text{SKT}}\}, \cdots\}$

定义 5　交互操作数据 $D_{\text{Operation}}=\{C_{\text{Space}}, D_{\text{Time}}, D_{\text{Speed}}, \cdots\}$，其中，$C_{\text{Space}}=\langle C_{\text{SpaceX}}, C_{\text{SpaceY}}, C_{\text{SpaceZ}}\rangle$，$D_{\text{Time}}=\langle D_{\text{Hour}}, D_{\text{Minute}}, D_{\text{Second}}\rangle$，$D_{\text{Speed}}=\{D_{\text{TipSpeed}}, D_{\text{AltSpeed}}, D_{\text{AziSpeed}}, \cdots\}$

定义 6　主观评估数据 $D_{\text{Subject}}=\{D_{\text{Satisfaction}}, D_{\text{Comfortableness}}, D_{\text{Novelty}}, \cdots\}$

Step 3　**特征提取及指标转化。**

将收集到的各类数据进行处理，提取特征供权重模型使用。针对原始数据的连续性和离散性两类属性分别采取不同的特征提取手段。对于离散型数据，如用户的主观打分和部分交互操作数据，可以通过标准化处理将数值直接提取为特征，并转化为具体的评估指标。对于连续型数据，以生理数据 EMG 等波形数据为例，过程可被描述为：$P(\text{Wave}) \rightarrow S_{\text{Sample}}$，$S_{\text{Sample}}=\{S_1, S_2, \cdots, S_n\}$，$F(S_{\text{Sample}}) \rightarrow \{F_1, F_2, \cdots, F_{\text{n}}\}$。其中，Wave 是 EMG 传感器采集的原始波形数据，S_{Sample} 是若干窗口样本 S_i 的集合，波形数据 Wave 在规则 P 的作用下被划分成 50%重叠的窗口样本的集合，S_{Sample} 在规则 F 的作用下抽取得到一系列描述特征。

特征数据与评价指标之间的转化是非常重要的一环。由于 RPE 量表能够很好地反映运动负荷，本节选取 RPE 值作为疲劳度指标[9]，对于 EMG 数据中提取的时域、频域特征，使用 C4.5 决策树进行学习分析、参数调优等，获取特征数据与疲劳度指标之间的对应关系，从而可对样本进行分类。

Step 4　　采用 AHP 方法构建权重模型，并给出评估建议。

由于各评估指标的数据趋势各不相同，并且还存在数量级和量纲不同的问题。为了统一各指标的趋势要求、消除各指标间的不可公度性，需要对评估指标建立评价矩阵并进行标准化处理。通过 AHP 方法得出各指标的评估权重，构建权重模型，将经过标准化处理的评价矩阵与权重模型融合，给出设计方案推荐。

5.4.3　权重模型构建方法

本节对 UEMM 的核心方法——权重模型构建方法进行详细描述。该方法既兼顾了专家对不同评估指标在整体评估体系中的权重意见，又结合了来自用户实验的多源评估数据，拓宽了评估的带宽，从而可以用来指导大部分基于现实的交互界面评估及设计。权重模型构建方法如图 5.5 所示。

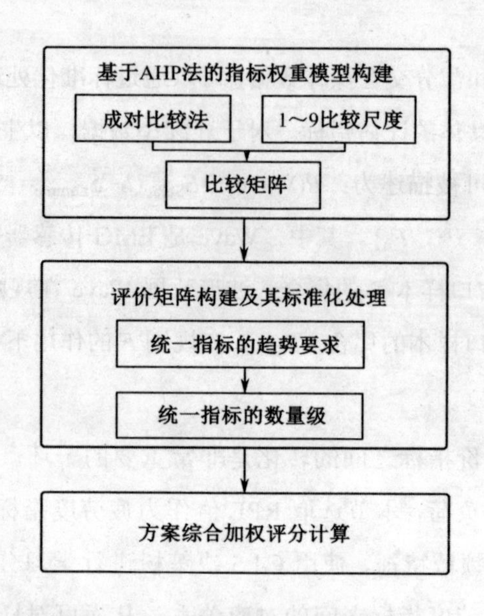

图 5.5　权重模型构建方法

Step 1　基于 AHP 法的指标权重模型构建。

建立指标层相对方案层的单层次模型，请业内专家利用成对比较法和 1～9 比较尺度构造比较矩阵。假设有 m 个评估指标，则比较矩阵可以记为 $\boldsymbol{A}=(a_{ij})_{m\times n}(i=1, 2, \cdots, n; j=1, 2, \cdots, m)$。

计算权向量并进行一致性检验。计算比较矩阵 $\boldsymbol{A}$ 的最大特征根 $\lambda_{\max}$ 及其对应的特征向量，计算一致性指标（Consistency Index，CI）并查询平均随机一致性指标（Random Index，RI），最终求得一致性比例（Consistency Ratio，CR）。

若 CR<0.10，则表示一致性检验通过，则特征向量即为权向量，记为 $\boldsymbol{W}=(w_1, w_2, \cdots, w_m)^{\mathrm{T}}$；若一致性检验未通过，则需要重新构造比较矩阵。

Step 2　评价矩阵构建及其标准化处理。

假设基于现实的交互界面设计有 n 个设计方案，记为 $N=\{1, 2, \cdots, n\}$；有 m 个评估指标，记为 $M=\{1, 2, \cdots, m\}$；设第 i 个方案对第 j 个指标的实验值为 $x_{ij}(i=1, 2, \cdots, n; j=1, 2, \cdots, m)$，称矩阵 $\boldsymbol{X}=(x_{ij})_{n\times m}$ 为方案集对指标集的评价矩阵。将评价矩阵 $\boldsymbol{X}$ 进行标准化处理，分为以下两步：首先，统一指标趋

势；然后，统一指标的数量级并消除量纲。

第一步，统一指标趋势。令 $H_1=\{$要求越小越好的指标$\}$；$H_2=\{$要求越大越好的指标$\}$；$H_3=\{$要求稳定在某一理想值的指标$\}$；则有 $H_1 \cup H_2 \cup H_3 = I$，且 $H_s \cap H_t = \varnothing$（$s \neq t$，$s=1, 2, 3$；$t=1, 2, 3$）。

当要求设计方案评分最小为最优方案时，令

$$y_{ij}=\begin{cases} x_{ij} & j \in H_1 \\ -x_{ij} & j \in H_2 \\ \left|x_{ij}-x_j^*\right| & j \in H_3 \end{cases}$$

当要求设计方案评分最大为最优方案时，令

$$y_{ij}=\begin{cases} -x_{ij} & j \in H_1 \\ x_{ij} & j \in H_2 \\ -\left|x_{ij}-x_j^*\right| & j \in H_3 \end{cases}$$

其中，x_j^* 为第 j 个指标的理想值，$j \in H_3$。

根据各指标的数据趋势，选择上述两个公式进行数据转换。

第二步，统一指标的数量级并消除量纲。令

$$z_{ij}=100 \times \frac{y_{ij}-y_{j_{\min}}}{y_{j_{\max}}-y_{j_{\min}}}$$

上式中，$i=1,2,\cdots,n$；$j=1,2,\cdots,m$；$y_{j_{\min}}=\min\left\{y_{ij} \mid i=1,2,\cdots,n\right\}$；$y_{j_{\max}}=\max\left\{y_{ij} \mid i=1,2,\cdots,n\right\}$。

记标准化后的评价矩阵 $\boldsymbol{Z}=(z_{ij})_{n \times m}$。

Step 3　　方案综合加权评分计算。

根据标准化评价矩阵 $\boldsymbol{Z}=(z_{ij})_{n \times m}$ 和层次单排序得到的 m 个指标的权重 $\boldsymbol{W}=(w_1, w_2, \cdots, w_m)^{\mathrm{T}}$，分别计算 n 个方案的综合加权分值，根据加权分值高低对设计方案做出排序。

5.4.4 Tilt 交互技术评估

笔式用户界面是基于现实的交互界面中非常具有代表性的一种界面形式[32, 33]，而 Tilt 技术则是笔式用户界面的重要交互技术，如图 5.6 所示。Tilt 交互技术将笔尾的倾斜信息用于交互中，有效拓展了交互通道。研究者们在国际顶级会议和期刊上围绕 Tilt Cursor、Tilt Menu、Tilt 手势等方向展开研究[34~38]。本节以基于现实的交互界面中的笔式用户界面为例，在 UEMM 评估方法的基础上对 Tilt 交互技术进行探索，综合评估 Tilt 技术中各个方向的表现，从而为 Tilt 技术的设计提供指导。

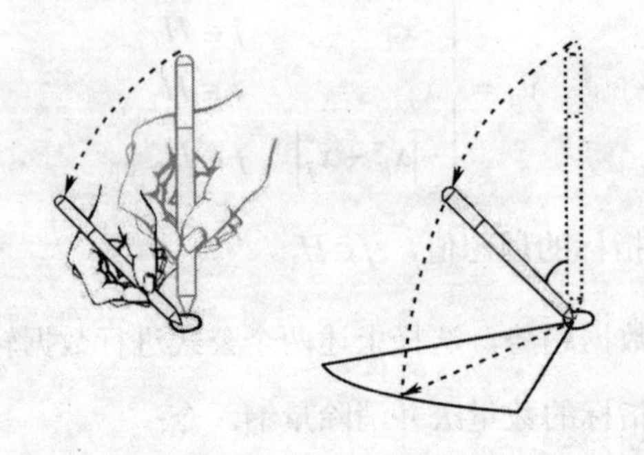

图 5.6　Tilt 交互技术示意

1. 实验设计

本实验招募了 12 名被试人员，年龄分布为 23～29 岁，8 名男性，4 名女性，均为右手使用习惯。实验所用设备为分辨率 1440 像素×900 像素的 LCD，以及尺寸为 30.4cm×30.4cm、采样频率为 50Hz 的 Wacom 手写板。

实验任务参照 Tilt 手势研究的实验设计[38]，对自由 Tilt 任务展开评估。在屏幕中央显示表示起点的灰色圆圈，围绕该圆圈随机呈现（N、NE、E、SE、W、SW、S、NW）8 个方向的箭头，用来指示 Tilt 的方向，如图 5.7 所示。在实验过程中，被试者首先将数码笔尖接触 Wacom 板；然后调整数码笔使其垂直于 Wacom 板，此时起点圆圈由灰色变为黑色，表示一次 Tilt 计时开始；当起点圆圈变色后，被试人员保持笔尖不抬起，按照箭头所指示的方向完成一次 Tilt；当被试人员认为一次 Tilt 任务结束后，抬起笔尖，计时结束。当一次 Tilt 计时结束后，系统自动触发下一次任务。实验次数共为：12 名被试者×8 个方向×10 次重复＝960 次。实验采取被试内设计，并采用拉丁方设计平衡顺序效应。

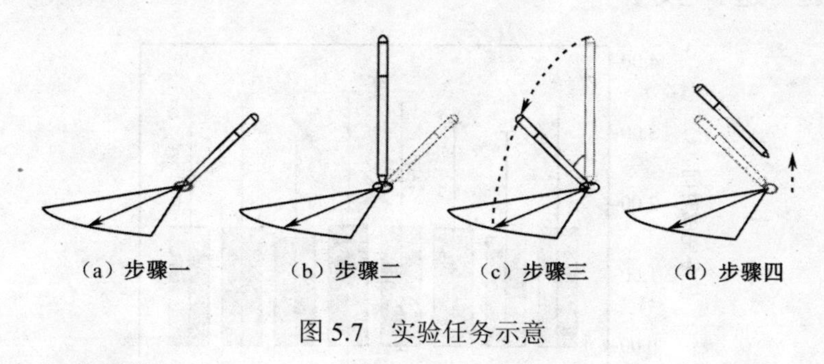

图 5.7　实验任务示意

2．评估指标

基于现实层级，通过专家评估法定义 4 个评估指标：任务完成时间、舒适度、喜好度、疲劳度。根据评估指标，在实验过程中及实验结束后，采集 4 个指标的相关信息。

（1）任务完成时间：从起始圆圈变为黑色到笔尖离开手写板的时间间隔，记为一次 Tilt 行为的完成时间。

（2）疲劳度：EMG 差分电极被放置在被试人员右前臂以记录任务执行过程中手臂肌肉的生理活动，原始 EMG 活动采样频率为 256Hz。

（3）舒适度：在实验完成后的调查问卷中，每名被试人员根据实际情况，分别对 8 个方向 Tilt 任务的舒适度做出适当评价（从 1 分“最不舒适”到 7 分“最舒适”）。

（4）喜好度：在实验完成后的调查问卷中，每名被试人员根据实际情况，分别对 8 个方向 Tilt 任务的喜好度做出适当评价（从 1 分“最不喜欢”到 7 分“最喜欢”）。

3. 数据分析

（1）任务完成时间。如图 5.8 所示，8 个方向（N、NE、E、SE、W、SW、S、NW）的任务完成时间分别为 1.68s、1.55s、1.66s、1.69s、1.69s、1.52s、1.66s、1.68s。方向因素对完成时间的主效应不显著（$F_{7,77}$=0.99，P=0.44）。该数据趋势越小越好。

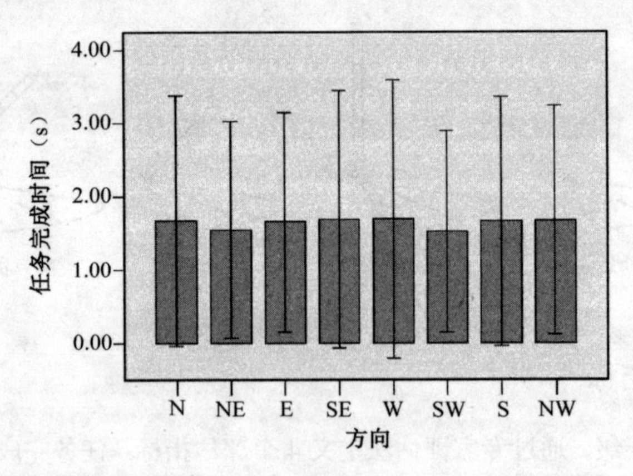

图 5.8　任务完成时间

（2）疲劳度。将提取的样本用 5.3 节中训练好的分类器对运动负荷度等级进行分类，结果显示在 8 个方向（N、NE、E、SE、W、SW、S、NW）各自的样本中，分别有 87.14%、90%、85%、82.14%、78.57%、93.57%、91.43%、82.86%对应的 RPE 为 8“非常轻松（Very Light）”，分别有 12.86%、10%、15%、17.86%、21.43%、6.43%、8.57%、17.14%对应的 RPE 为 7“极轻松（Extremely Light）”。数据整合后 RPE 分别为 7.87、7.90、7.85、7.82、7.79、7.94、7.91、7.83，数据趋势越小越好。

（3）舒适度。8 个方向（N、NE、E、SE、W、SW、S、NW）的舒适度分别为 4.5、5.08、4.67、3.17、5.08、5.17、3.92、4.00，各方向间存在显著差异（P=0.04），数据趋势越大越好。

（4）喜好度。8 个方向（N、NE、E、SE、W、SW、S、NW）的偏好度分别为 4.42、4.92、4.92、3.17、5.17、5.25、3.75、4.00，各方向间存在显著差异（P=0.028），数据趋势越大越好。

4．评估结果

基于上一节描述的权重模型构建方法，对评估指标进行标准化处理，并构建权重模型。根据标准化评价矩阵 $\boldsymbol{Z}=(z_{ij})_{n\times m}$ 和层次单排序得到的 4 个指标的权重，分别计算 8 个方案的综合加权分值，按得分高低排序如表 5.2 所示。

基于评估结果，建议 Tilt 交互设计中应该尽量考虑分值较高的方向，尽量避免分值较低的方向。该评估结果将对 Tilt 交互设计起到指导作用。

表 5.2　方案排序

排　序	分　值	缩　写	方 案 名
1	79.75	W	西
2	69.50	NE	东北
3	68.01	SW	西南
4	61.11	E	东
5	48.28	N	北
6	45.01	NW	西北
7	26.96	S	南
8	25.29	SE	东南

5．讨论

将实验结果与前面 Tilt 手势研究的实验结果进行比较[38]，发现在两个实验中，方向因素对任务完成时间都没有显著影响。该结论进一步验证了实验的稳定性，同时表明以任务完成时间等绩效指标作为基于现实的交互界面的唯一衡量标准，对设计的指导还存在不足，评估维度应扩展到更广阔的范围。

与之前的工作相比，本评估方法综合了疲劳度指标、主观评估指标、绩效评估指标等多个维度，能够有效地拓展传统评估方法的带宽；同时，基于层次分析方法构建的权重模型，能够给出多维度综合的分值，因此能够更精确地评估以 Tilt 为代表的基于现实的交互界面，并给出合理的交互技术设计建议。

参考文献

[1] 吕菲，罗文灿，田丰，等. UEMM：面向新一代用户界面的评估框架和方法[C] //第 6 届全国人机交互学术会议（CHCI2010），洛阳，2010.

[2] 吕菲，田丰，杜一，等. 基于真实感框架的自然用户界面评估方法研究[J]. 计算机辅助设计与图形学学报，2017, 29(11): 2076-2082.

[3] CARD S K, NEWELL A, MORAN T P. The psychology of human-computer interaction[M]. Hillsdale: Lawrence Erlbaum Associates Inc, 1983.

[4] JOHN B, VERA A, MATESSA M, et al. Automating CPM-GOMS[C] // Proceedings of the SIGCHI Conference on Human Factors in Computing Systems. April 20-25, 2002, Minneapolis, Minnesota, USA. New York: ACM Press, 2002: 147-154.

[5] KIERAS D. GOMS modeling of user interfaces using NGOMSL[C] // Conference companion on Human factors in computing systems. April 24-28, 1994, Boston, Massachusetts, United States. New York: ACM Press, 1994: 371-372.

[6] BAUMEISTER L K, JOHN B E, BYRNE M D. A comparison of tools for building GOMS models[C] //Proceedings of the SIGCHI Conference on Human Factors in Computing Systems. April 1-6, 2000, The Hague, The Netherlands. New York: ACM Press, 2000: 502-509.

[7] CHRISTOU G. CoDeIn: A Knowledge-Based Framework for the Description and Evaluation of Reality-Based Interaction[D]. Boston: Tufts University Computer Science, 2007.

[8] FITTS P M. The information capacity of the human motor system in controlling the amplitude of movement[J]. Journal of Experimental Psychology, 1954, 47(6): 381-391.

[9] ANDRES R O, HARTUNG K J. Prediction of head movement time using Fitts' Law[J]. Human Factors & Ergonomics Society, 1989, 31(6): 703-714.

[10] DRURY C G. Application of Fitts' Law to foot-pedal design[J]. Human Factors, 1976, 17(4): 368-373.

[11] ZHANG X, REN X, ZHA H. Modeling dwell-based eye pointing target acquisition[C] //Proceedings of the 28th international conference on Human factors in computing systems. April 10-15, 2010, Atlanta, Georgia, USA. New York: ACM Press, 2010: 2083-2092.

[12] ACCOT J, ZHAI S. Performance evaluation of input devices in trajectory-based tasks: an application of the steering law[C] //Proceedings of the SIGCHI conference on Human factors in computing systems: the CHI is the limit. May 15-20, 1999, Pittsburgh, Pennsylvania, United States. New York: ACM Press, 1999: 466-472.

[13] ACCOT J, ZHAI S. Scale effects in steering law tasks[C] //Proceedings of the SIGCHI conference on Human factors in computing systems. March 31-April 5, 2001, Seattle, Washington, United States. New York: ACM Press, 2001: 1-8.

[14] BI X, LI Y, ZHAI S. FFitts law: modeling finger touch with fitts' law[C] //Proceedings of the SIGCHI Conference on Human Factors in Computing Systems. April 27-May 2, 2013, Paris, France. New York: ACM Press, 2013: 1363-1372.

[15] 唐林涛. 设计事理学理论、方法与实践[D]. 清华大学, 2004.

[16] 风笑天. 社会学研究方法[M]. 北京: 中国人民大学出版社, 2009.

[17] 陈向明. 质的研究方法与社会科学研究[M]. 北京: 教育科学出版社, 2000.

[18] LEE J C, TAN D S. Using a low-cost electroencephalograph for task classification in HCI research[C] //Proceedings of the 19th Annual ACM Symposium on User interface Software and Technology. October 15-18, 2006, Montreux, Switzerland. New York: ACM Press, 2006: 81-90.

[19] YANG U, JO D, SON W. Uvmode: usability verification mixed reality system for mobile devices[C] //Proceedings of the SIGCHI Conference Extended Abstracts on Human Factors in Computing Systems. April 5-10, 2008, Florence, Italy. New York: ACM Press, 2008: 3573-3578.

[20] HIRSHFIELD L M, SOLOVEY E T, GIROUARD A, et al. Brain measurement for usability testing and adaptive interfaces: an example of uncovering syntactic workload with functional near infrared spectroscopy[C] //Proceedings of the SIGCHI Conference on Human Factors in Computing Systems. April 4-9, 2009, Boston, MA, USA. New York: ACM Press, 2009: 2185-2194.

[21] GIROUARD A, SOLOVEY E T, MANDRYK R, et al. Brain, body and bytes: psychophysiological user interaction[C] //Proceedings of the SIGCHI Conference Extended Abstracts on Human Factors in Computing Systems. April 10-15, 2010, Atlanta, Georgia, USA. New York: ACM Press, 2010: 4433-4436.

[22] FREY J, DANIEL M, CASTET J, et al. Framework for Electroence phalography-based evaluation of user experience[C] //Proceedings of the SIGCHI Conference on Human Factors in Computing Systems. May 07-12, 2016, Santa Clara, California, USA. New York: ACM Press, 2016: 2283-2294.

[23] MOREAU K L, WHALEY M H, ROSS J, et al. The effects of blood lactate concentration on perception of effort during graded and steady state treadmill exercise[J]. International Journal of Sports Medicine, 1999, 20(5): 269-274.

[24] MACKENZIE I S. Fitts' Law as a Research and Design Tool in Human-Computer Interaction[J]. Human-Computer Interaction, 1992, 7: 91-139.

[25] JOU S-C, SCHULTZ T, WALLICZEK M, et al. Towards Continuous Speech Recognition Using Surface Electromyography[C] //International Conference on Spoken Language Processing. September 17-21, 2006, Pittsburgh, Pennsylvania, USA. 2006: 573-576.

[26] SHAKERI G, BREWSTER S A, WILLIAMSON J, et al. Evaluating haptic feedback on a steering wheel in a simulated driving scenario[C] //Proceedings of the SIGCHI Conference Extended Abstracts on Human Factors in Computing Systems. May 7-12, 2016, Santa Clara, California, USA. New York: ACM Press, 2016: 1744-1751.

[27] KAZEMITABAAR M, HE L, WANG K, et al. ReWear: Early Explorations of a Modular Wearable Construction Kit for Young Children[C] //Proceedings of the SIGCHI Conference Extended Abstracts on Human Factors in Computing Systems. May 7-12, 2016, Santa Clara, California, USA. New York: ACM Press, 2016: 2072-2080.

[28] CHRISTOU G. Towards a new method for the evaluation of reality based interaction[C] //Proceedings of the SIGCHI Conference Extended Abstracts on Human Factors in Computing Systems. April 22-27, 2006 San Jose, CA, USA. New York: ACM Press, 2007: 2165-2170.

[29] HSIAO S, HSU C, LEE Y. An online affordance evaluation model for product design[J]. Design Studies, 2012, 33(2): 126-159.

[30] SALMERON J L, HERRERO I. An AHP-based methodology to rank critical success factors of executive information systems[J]. Computer Standards & Interfaces, 2005, 28(1): 1-12.

[31] KAR A K. A hybrid group decision support system for supplier selection using analytic hierarchy process, fuzzy set theory and neural network[J]. Journal of Computational Science, 2015, 6: 23-33.

[32] 陈明炫，任磊，田丰，等. 一种面向个人信息管理的 Post-WIMP 用户界面模型[J]. 软件学报, 2011, 22(5): 1082-1096.

[33] 田丰，秦严严，王晓春，等. PIBG Toolkit 一个笔式界面工具箱的分析与设计[J]. 计算机学报, 2005, 28(6): 1036-1042.

[34] TIAN F, AO X, WANG H, et al. The tilt cursor: enhancing stimulus-response compatibility by providing 3d orientation cue of pen[C] //Proceedings of the SIGCHI Conference on Human Factors in Computing Systems. April 28-May 3, 2007, San Jose, California, USA. New York: ACM Press, 2007: 303-306.

[35] TIAN F, XU L, WANG H, et al. Tilt menu: using the 3D orientation information of pen devices to extend the selection capability of pen-based user interfaces[C] //Proceedings of the SIGCHI Conference on Human Factors in Computing Systems. April 5-10, 2008, Florence, Italy. New York: ACM Press, 2008: 1371-1380.

[36] ZHOU X, REN X, HUI Y. An empirical comparison of pen pressure and pen tilt input techniques[J]. International Symposium on Parallel and Distributed Processing with Applications, 2008: 982-989.

[37] XIN Y, BI X, REN X. Acquiring and pointing: an empirical study of pen-tilt-based interaction[C]//Proceedings of the SIGCHI Conference on Human Factors in Computing Systems. May 7-12, 2011, Vancouver, BC, Canada. New York: ACM Press, 2011: 849-858.

[38] TIAN F, LU F, JIANG Y, et al. An exploration of pen tail gestures for interactions[J]. International Journal of Human-Computer Studies, 2013, 71(5): 551-569.

第三部分

应用实践

本部分将介绍基于现实的交互界面面向不同领域的关键应用，包括儿童汉字学习系统、儿童讲故事学习系统、儿童合奏学习系统等多个具有重要社会价值的应用系统。

第6章 儿童汉字学习领域应用实践

本章将介绍两个移动设备上的儿童汉字学习系统——Multimedia Word 和 Drumming Stroke[1]。这两个系统把基于现实的交互界面技术和方法应用到儿童汉字学习领域，能够帮助儿童更好地掌握汉字，尤其是字形和笔顺。

本章遵循基于现实的设计方法，首先调研了儿童汉字学习面临的困难及对汉字教学的挑战；然后调研了 25 种中国传统游戏，分析和提取了其中的重要元素，借鉴这些元素设计了两款应用于移动设备上的、基于笔交互的群组学习游戏；最后结合用户主观指标和客观绩效指标对学习游戏进行了研究和评估。评估结果显示，两个学习游戏体现了基于现实的交互界面直觉化的优势，能够激发儿童的参与热情，并鼓励儿童通过群组活动来不断提高汉字技能。这表明借鉴传统群组游戏元素能够增强数字游戏的直觉性和参与性，群组参与的数字游戏又能够反过来提高儿童在现实生活中的汉字学习能力。

6.1 背景

在发展中国家，低识字率是阻碍经济发展的主要原因之一。根据《2006年全球教育监测报告》，识字能力“对经济、社会和政治的参与和发展是至关重要的，其重要性在当今社会体现得更为明显”[2]。在中国，人们的识字能力也是一个大问题，尽管中国的整体识字率比许多其他发展中国家高，数据显示2001年中国的识字率是90.9%，印度则是61%[2]，但是中国各地区之间的识字率差异非常显著，贫困地区识字率大幅低于富裕地区。根据联合国开发计划署的报告，中国农村地区的文盲率大约是中国富裕地区的5倍[3]。此外，即使在同一个省份，识字率也存在显著差异，例如，甘肃不同地区之间的识字率相差27.53%[4]，这表明在中国的不发达地区，仍然有很多人面临着严重的识字问题。

在人机交互研究界，如何利用计算机技术提高发展中国家的教育水平和识字率，是一个普遍的研究主题[5~7]。卡耐基梅隆大学的Kam等开发基于移动设备的学习类游戏，并将其应用于印度儿童的英语教育，通过教育推动印度贫困地区的经济发展[8]。他们选择英语教育作为研究内容，是因为英语在印度具有非常重要的作用，具有英语读写能力是获得良好工作的必要条件[9]。与印度情况不同的是，在中国仅有某些“高端”职位对英语有较高要求；相反，中文阅读和写作技能则是几乎每一个入门级职位所必需的。因此，在中国，汉字读写能力是亟须掌握的社会生存技能。

不同于英语等基于字母系统的语言，汉字的书写和阅读对语言教育有独特的挑战。汉字与英文的不同至少体现在两个方面。首先，一个汉字只对应一个发音，比如“中”；另外，很多汉字共有一个发音，比如“一”“衣”。其次，汉字表征的是字意而不是语音。汉字起源于甲骨文，在字形和书写风格两方面上不断演化[10]。图6.1显示了汉字的进化过程。

图 6.1　汉字的进化过程[10]

这些差异会带来学习汉字的一些独特挑战。首先，由于汉字的字形提供了极少的发音线索，通常只看字形很难了解汉字的发音，因此需要记忆每个汉字的字形与发音之间的匹配。其次，当听到汉字发音时很难正确地识别和写出正确的汉字字符。汉语口语中只有 416 个独特的发音（音节），却有 6000 个常见的汉字，为了解决音节到汉字的一对多映射问题，在书写过程中必须利用短语层级和句子层级的语境信息。最后，按照正确的笔画顺序书写也具有很大的挑战性。在中国，即使对于已经接受过高等教育的人们来说，如果没有计算机和中文输入法的帮助，正确地书写汉字也变得越来越困难。通过基于 QWERTY 键盘的中文输入法书写汉字是一种再认行为（Recognition）而非记忆行为（Recall），长期使用可能会降低用户的汉字书写技能。

基于移动设备的学习类数字游戏已经被证实是一个具有前景的方向。研究者们已经发现，通过基于移动设备的数字游戏能够提高印度儿童的英语读写能力[9, 11]。可以猜测，基于移动设备的教育游戏同样有利于汉字的学习。正如 Kam 等所述，对于为农村儿童设计的学习类游戏，可以利用他们日常游戏中的元素，使数字游戏更直观、更为儿童所熟悉[11]。从文献［8］中，我们发现印度农村儿童的许多游戏都是群组游戏。然而，如何利用群组游戏启发数字游戏的设计，从而帮助孩子们学习汉字，还没有被深入地探索和开发。

目前，有很多研究者致力于探索数字技术对教育的作用。Findlater 和 Balakrishnan 等进行了两项研究，探索半文盲用户、文盲用户和识字用户如何从文本和音频的组合方式中受益[6]。Aguilera 探索了利用电子游戏进行教育的优势[12]。Aranda 等提出了 ELLAD[13]，将电子游戏应用于非正式教育环境中，以提高教育水平。Banerjee[14]评估了桌面电脑上的数学学习游戏。Mischief[15]是一个以教室作为应用场景的交互系统，它能够支持多名儿童使用独立的鼠标和光标在一个大显示屏上进行交互；这套系统可以被用于硬件设施不足、电脑资源有限的学校[8]。Moraveji 的研究结果表明，孩子们能够在共享的大显示器上执行由目标选择组成的任务[16]。Moed 提出面向小规模成组学习的设计，使用多画面、多鼠标的共享计算机环境[17]。

另外，也有一些研究工作尝试通过移动设备来促进教育的发展。Horowitz 研究了使用移动设备来提升识字率[18]。Kam 等研究了印度农村儿童的电子游戏设计[9, 11]。然而，这些研究工作都是针对英语教育的，由于中英文存在较在差异，因此不能直接照搬到汉字学习系统中。

一些研究者对中国传统游戏进行了探索，黄金明对 100 多个中国农村游戏进行了分类[19]。艾丫整理了 215 个经典的中国儿童游戏[20]。张新立总结和分析了彝族儿童在中国民族游戏的特点[21]。不过，他们都没有将传统中国游戏与电脑游戏设计或教学助手联系起来。如何利用传统的中文小组游戏学习汉语，仍然是一个有待研究的问题。

本章介绍的工作是第一个尝试从中国群组游戏中提取要素，并应用于儿童汉字学习中的研究工作。

6.2　儿童汉字学习调研

儿童汉字学习调研旨在更好地理解现有的汉字教育所面临的主要挑战和常见问题。

来自两所小学的教师参与了本次调研。第一所学校位于较发达的城市北京，第二所学校位于河南省西北部的新安县。调研内容包括以下问题：

- 在汉字教学过程中要求学生掌握的关键技能有哪些？
- 目前教学的难点和重点有哪些？现在通过哪些方法解决这些难点？
- 能否描述一下你所使用的主要教学方法？
- 你对现有汉字教学的教学大纲有什么评论和建议？
- 是否在课堂上利用一些工具帮助学生理解？如果是，用哪些工具？
- 现在的教科书和相关辅导资料有什么优缺点？
- 考试或随堂测验、课后题等测试中，对学生汉字学习能力考察较多的是哪些方面（如读音、识字、书写等）？采取哪些形式？
- 在各个年级，对学生汉字学习能力的要求有哪些不同？要求掌握的汉字量分别是多少？
- 在正式考试中，汉字考察部分学生的得分情况如何？
- 课后，学生使用哪些资料或工具（如玩具、软件等）来辅助汉字学习？这些资料或工具有哪些特点？

根据教师的反馈，汉字学习有三个主要的要求，即掌握汉字的发音、字形（包括笔画顺序）、使用汉字的语境。小学生需要学习的汉字有两类，一类是要求会认的字，一类是要求会写的字。对于会认的字，要求学生了解字的发音、字形和使用的语境；对于会写的字，要求学生掌握发音、字义，并能按正确的笔画顺序书写。

儿童汉字学习面临着两个主要的困难。首先，要求会认的汉字数量庞大，儿童往往会忘记之前学过的汉字，尤其是那些由许多笔画构成的汉字。因此，如何促进汉字的记忆是一个很大的挑战。其次，当学习写汉字时，笔画顺序是非常重要的一个部分，按正确的笔顺书写汉字既能帮助儿童记忆字形也能帮助儿童书写得更加美观；然而，笔画顺序很难记忆，许多学生在掌握正确笔画顺序方面存在困难。

目前，教师们使用了一些方法来解决这些问题。为了提高儿童对汉字的记忆，教师们会利用编制儿歌或制作巧记卡片等方式，帮助儿童记忆字形和发音。与此同时，教师们也会鼓励学生在课后阅读更多的文字材料来加强记忆。尽管这些方法可能有助于促进儿童对字形和发音的记忆，但是汉字教学中的两个困难仍然没有被完全解决。根据教师们的反馈，目前汉字教学最大的难题可能在于如何激发学生的学习兴趣，鼓励他们进行自主探索。

6.3　传统群组游戏调研

Kam 等的研究发现[11]，利用印度农村儿童日常游戏中的元素，能使数字游戏更直观。本节以中国传统群组游戏为隐喻，探索汉字游戏的设计。我们采访了 12 名儿童，共记录了 25 种游戏（3 种室内游戏，22 种户外游戏），如表 6.1 所示。

表 6.1　调研的 25 种中国传统游戏及其主要特征

名　称	人　数	团队关系	角　色	歌　谣	工　具	技　巧
跳皮筋	4～6	竞争和合作	活跃者和辅助者	有	橡皮筋	高
踢毽子	≥2	竞争	活跃者和潜伏者	有	毽子	高
翻绳	2	竞争和合作	活跃者和辅助者	无	绳	高
击鼓传花	≥4	竞争	活跃者和潜伏者	有	鼓、花	低
老鹰抓小鸡	4～10	竞争	攻击者和防御者	无	无	低
跳方格	≥2	竞争	活跃者和潜伏者	无	粉笔	高
跳大绳	≥4	合作	活跃者和辅助者	无	绳子	高
跳马	≥3	竞争和合作	活跃者和辅助者	无	无	高
丢手绢	≥5	竞争	活跃者和潜伏者	有	手绢	低

续表

名 称	人 数	团队关系	角 色	歌 谣	工 具	技 巧
拍手	2	合作	活跃者和辅助者	有	无	高
叉大步	2 或 4	竞争	活跃者和潜伏者	无	无	低
扔沙包	≥3	竞争	攻击者和防御者	无	沙包	高
警察抓小偷	≥3	竞争	攻击者和防御者	无	无	低
捉迷藏	≥3	竞争	攻击者和防御者	无	无	低
一二三木头人	≥3	竞争	活跃者和潜伏者	无	无	低
打雪仗	≥2	竞争	攻击者和防御者	无	无	低
打弹子	≥2	竞争	活跃者和潜伏者	无	弹子	高
拍洋画	≥2	竞争	活跃者和潜伏者	无	画片	高
踩点	≥2	竞争	攻击者和防御者	无	无	低
过家家	≥3	合作	活跃者和辅助者	无	道具	低
斗鸡	≥2	竞争	攻击者和防御者	无	无	高
猫抓老鼠	≥5	竞争	攻击者和防御者	无	无	低
开火车	≥5	合作	活跃者和辅助者	无	无	低
猜猜我是谁	≥3	竞争	活跃者和潜伏者	无	无	低
抓子儿	≥2	竞争	活跃者和潜伏者	无	石子	高

基于对 25 种传统游戏的详细分析，本节进一步讨论了哪些元素是重要并且可能被应用于基于移动设备的学习游戏中，从而使学习游戏更直觉化、更有吸引力。

1. 团队和成员间的合作

根据调研分析，合作是中国传统游戏至关重要的一个特征，它植根于大量的中国传统游戏中（见表 6.1）。在 25 种游戏中，有 7 种游戏涉及团队与团队或团队成员之间的协作，例如，在跳橡皮筋游戏中，一个团队中有两名或多名参与者要负责将皮筋固定在一定高度，让其他队的队员来跳皮筋。还有一些游戏甚至没有敌对方或竞争方，所有的成员必须共同合作才能将游戏进行下去，这种类型的游戏有 6 种：跳大绳、跳马、拍手、翻绳［见图 6.2（a）］、过家家、开火车。在数字游戏设计中，我们引入合作的机制，鼓励儿童通过合作来共同学习汉字字形和笔顺。

2．游戏中的歌谣

在游戏中，歌谣有助于提高游戏的直观性和参与性。在调研的 25 种游戏中，有 5 种游戏使用了歌谣。歌谣的作用可以分为两大类。

第一类，歌谣能够帮助玩家按照节奏更好地执行操作，配合身体运动。在 5 种有歌谣加入的游戏中，有 3 种是技巧性和节奏性较强的游戏（如跳橡皮筋、踢毽子、拍手）。在这些传统游戏中，踢、跳或拍的动作要用节奏、节拍来组织，歌谣使得游戏中身体的运动更自然、更流畅。

第二类，歌谣能够帮助确定游戏进程。在 3 种技巧性游戏的进程中，身体动作和歌谣是统一的。歌谣停下则意味着游戏终止。在丢手绢和击鼓传花游戏［见图 6.2（b）］中，当歌谣或鼓点结束时，就意味着游戏进入下一环节。在系统设计中，我们将引入歌谣或相应的节奏，帮助协调和组织游戏进程。

3．游戏道具和资源

手工制作的游戏工具被频繁地应用于中国群组游戏中，典型的手工制作的游戏工具包括沙包、毽子、红绳和橡皮筋。与印度传统游戏不同，中国群组游戏很少使用树木和植物，这可能是由于中国的地理位置造成的（特别是在北方，树并不是随处可用的）。在调研的游戏中，只有一个游戏（跳橡皮筋）使用树作为一个可选的道具。另一个资源方面的重要特性是，中国传统游戏常常有预定义的游戏/竞技场边界，儿童经常用粉笔或石头在地上画出由线、三角形、正方形、五角形构成的边界。在 25 种游戏中，有 5 种游戏使用了预定义的边界。边界不仅能够用于限制成员的行动，也可以作为设计具有挑战性规则的附加条件。

（a）翻绳游戏

（b）击鼓传花

图 6.2　两种中国传统群组游戏

6.4 系统设计

基于对儿童汉字学习问题和群组游戏的调研，本节设计了两款移动设备上的学习游戏。系统目标是使儿童的汉字学习更加直观、更具有吸引力。在两个游戏中都引入了合作模式，所有的任务都需要多个玩家合作完成。游戏也利用了移动设备的多通道特性，充分使用了听觉、视觉的通道。此外，还利用自然的笔输入方式支持儿童书写汉字、勾画草图，提供了用户和手机界面间的桥梁。

系统设计借鉴了传统游戏和传统艺术形式的游戏规则、视觉元素，帮助儿童将日常游戏的经验转移到数字游戏中，同时也便于儿童再将数字游戏的体验迁移到日常游戏中。通过这种方式，数字学习游戏有可能将日常非数字游戏演变为一种教育体验。

1. Multimedia Word

Multimedia Word 游戏借鉴了两种流行的中国传统游戏，即翻绳游戏[22]和猜字游戏[23]。这个游戏将移动设备作为游戏资源，同时借用了传统游戏的游戏规则。它既可以用作两名儿童间的竞争/合作游戏，也可以用作两个团队间需要团队协作的游戏。这个游戏要求孩子们根据发音、草图、照片或其他多媒体上下文提示，写出正确的汉字。

当第一个小组的儿童按下开始按钮后，屏幕上将显示出汉字字库，儿童从字库中选择本轮游戏将要猜测的汉字。然后，第一组的儿童通过多个通道来设置汉字的“谜面”，例如，儿童可以通过语音通道记录汉字的发音或其他与汉字相关的语音信息，也可以选择另外两个通道来增强字的含义（如勾画一幅图画、拍摄照片），如图 6.3（a）和 6.3（b）所示。

在设置完多个通道的谜面后，第一个小组的儿童将移动设备传递给第二个小组。这时，第二个小组的儿童根据他们看到或听到的多通道线索，包括发音、草图和照片，尝试正确地书写答案（需要写对字形和笔顺），如图 6.3（c）和 6.3（d）所示。当本轮猜谜任务完成后，两个小组的游戏角色进行逆转。

（a）第一组儿童设置谜面

（b）设置谜面时的界面

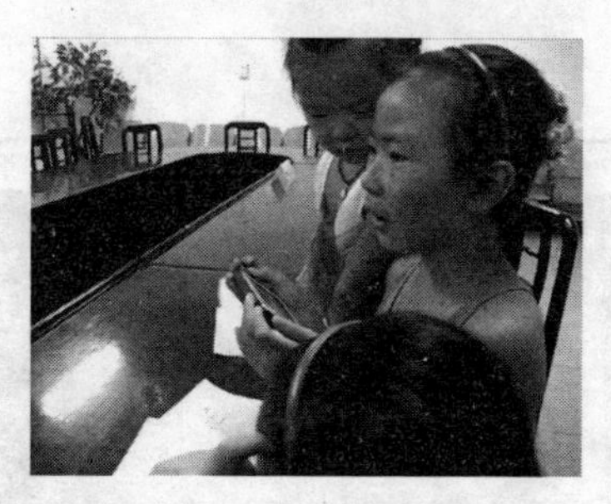

（c）第二组儿童根据谜面猜汉字

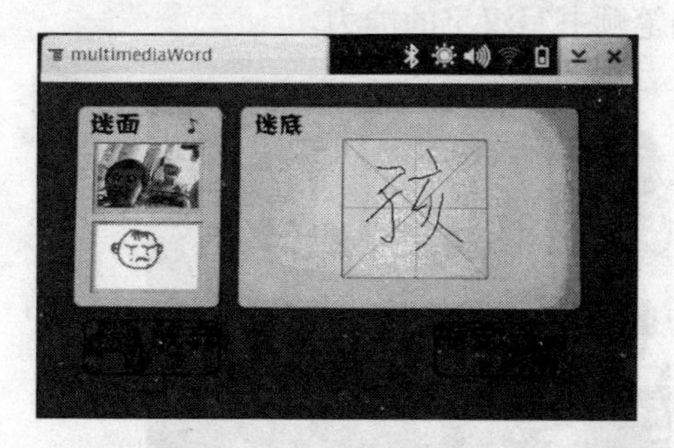

（d）猜汉字的界面

图 6.3　Multimedia Word

2. Drumming Stroke

Drumming Stroke 游戏借鉴了击鼓传花这一中国传统游戏。传统击鼓传花的游戏规则是人们围坐在一起，随着鼓声传递一朵花，当鼓声停止时，持有花朵的人表演节目。传统的游戏规则以竞争性为主，而 Drumming Stroke 系统设计则在传统游戏规则的基础上进行了扩充和修改，鼓励儿童通过共同合作来练习汉字的书写能力。

在 Drumming Stroke 游戏中，所有参与的儿童围坐成一个圆圈［见图 6.4（a）］，将移动设备作为游戏的道具，代替传统击鼓传花游戏中的花朵进行传递。随着游戏的进行，移动设备会模拟击鼓传花游戏中的大鼓，发出逐渐急促的鼓点声响，催促儿童一个接一个地传递移动设备，帮助协调和组织游戏进程。

与传统游戏中只是简单地传递花朵和表演节目不同，本游戏的目的是帮助儿童提高汉字书写能力。每名接到设备的儿童会在屏幕左上方看到系统要求书写的汉字，儿童需要按照正确的笔顺书写该汉字［见图 6.4（b）］。当一名儿童正确书写完成后，再将设备传递给下一名儿童，下一名儿童将看到系统给出的新的汉字。当某位儿童书写的笔画错误时，鼓声停止，他/她被要求更正笔画，并接受惩罚，即正确书写出给定汉字的某一个笔画。当惩罚环节完成后，鼓声重新响起，游戏继续进行［见图 6.4（c）］。通过该游戏，儿童能够练习按照正确笔顺书写汉字的能力。

（a）儿童围坐成一圈玩游戏

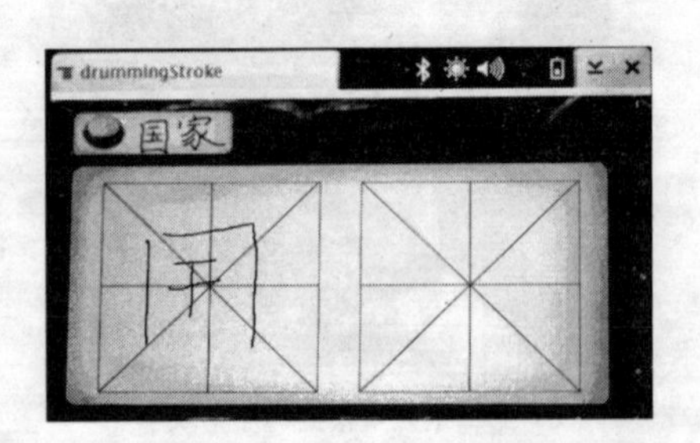

（b）书写汉字界面

图 6.4　Drumming Stroke

（c）惩罚界面

图 6.4　Drumming Stroke（续）

6.5　系统实现

1．环境和软件

两个游戏均使用诺基亚 N800 移动设备作为平台[24]。诺基亚 N800 是一款智能手机，具有 800 像素×480 像素的触摸屏，支持笔输入；该手机使用速度为 400MHz 的 OMAP2420 微处理器，具有 128MB 内存和 256MB 闪存；使用基于 LINUX 的操作系统 Maemo。我们选择诺基亚 N800 主要是因为它能够支持笔输入，并没有利用 N800 的任何独特的功能，因此这两个游戏可以移植到其他任何支持笔输入、具有内置摄像头和语音记录/回放功能的移动设备上。

两个游戏都用 C 语言编写，使用了 GTK/GNOME[25]与 Gstreamer 库[26]。其中，GTK/GNOME 用于创建图形用户界面；Gstreamer 库用于多媒体功能，如访问内置摄像头、录音等。

2．笔画顺序识别

正如前文所指出的，在正确书写汉字时，笔画顺序扮演着非常重要的角色。因此，为了帮助学生学习正确的笔画顺序，游戏需要检测儿童输入的笔画顺序。本节设计了一个基于$1 识别器[27]的笔画顺序识别算法。

算法首先从模板库[28]中加载汉字笔画和对应的正确笔画顺序。当儿童完成汉字的一个笔画后，通过识别算法将采集的笔迹信息与正确的笔画进行比对。如果一个笔画被判定为正确，儿童可以继续书写下一笔，否则他/她需要重新书写，直到被系统认可为止。

6.6 实地研究

为了探索这两个游戏的作用和效果，本节进行了一个初步的实地研究。由于汉字学习的特殊性，本研究基于 RBI 评估框架，采取了主观指标和客观绩效相结合的评估方法。本研究的目的不仅在于验证游戏，更是为了定性地了解游戏在实际环境中（尤其是针对特定目标用户）的使用情况。

1. 材料

根据小学教师的建议，在小学教材中选择 36 个独体字和 23 个合体字作为测试材料。其中，独体字是不能再分割的汉字，如“与”“九”“火”“区”等；合体字是由基础部件组合构成的汉字，如“燕”“拳”“溪”“鼻”等。

字库中的 36 个独体字为“与”“甘”“成”“北”“母”“身”“九”“刀”“再”“事”“火”“水”“为”“王”“玉”“万”“年”“世”“山”“出”“女”“片”“去”“里”“齿”“由”“曲”“皮”“垂”“凶”“丑”“巨”“良”“过”“困”“区”。

字库中的 23 个合体字为“笔”“孩”“哭”“扇”“树”“睡”“蛙”“芽”“圆”“燕”“剪”“柴”“拳”“弓”“熊”“脖”“齿”“鼻”“梨”“鸡”“纸”“旗”“溪”。

在游戏字库中收入这 36 个独体字和 23 个合体字，是根据所访谈的小学语文教师的教学经验，挑选出的字形及其笔画顺序都很难记忆的汉字，这些汉字在儿童平时的测试中也经常容易出错。

根据教师的建议，在 Drumming Stroke 游戏中使用 36 个独体字，以便儿童更加关注于字形和笔画顺序；在 Multimedia Word 中使用 23 个合体字作为字库，使儿童在关注字形和笔顺的基础上，加强他们对字义的理解。

2. 参与者

来自河南省新安县几所小学的 9 名学生参与了这项研究。他们的年龄分布为 6～10 岁（平均年龄 7.9 岁）；年级分布从一年级到三年级；包括 5 名男生和 4 名女生。新安县位于中国河南省西北部，地域内有 70%丘陵和 20%山脉，根据一份政府报告，新安县是欠发达地区[29]。本次实验的所有参与者都居住在较不发达的新安老城区，生活水平偏低。

本研究用时两天。在 Pre-test 阶段招募了 6 名儿童。在第一天的 Drumming Stroke 游戏过程中，1 名儿童被游戏吸引并要求加入，之后又有 2 名儿童主动加入第二个游戏 Multimedia Word 中。在第二个游戏进行过程中，1 名儿童因家中有事被父母接走。由于 3 名新加入儿童错过了 Pre-test 阶段，1 名儿童中途退出研究，因此只有 5 名儿童参与了 Post-test 阶段。对游戏体验的访谈涉及所有参与游戏的 9 名儿童，包括没有参加 Post-test 阶段的儿童。

3. 研究方法

（1）Pre-test。

在游戏开始前，6 名儿童参加了听写测试，测试内容是游戏字库的 36 个独体字和 23 个合体字。实验人员发给每名儿童带空格子的答题纸，儿童根据老师的读音在每行的第一个格子中正确地写出相应的汉字，并在接下来的格子中按笔顺写出每一个笔画。听写结束后，实验人员将答题纸收回并给每名儿童的试卷打分。试卷的评判标准是，对于每一个汉字，如果字形和笔顺都正确，得 1 分；如果字形和笔顺仅有一个正确，得 0.5 分（一般来说，如果字形写错，笔顺也会出错，所以通常 0.5 分发生在字形正确而笔顺出错的情况下）。试卷满分为 59 分，即 59 个汉字的字形和笔顺全部正确。评分结果对于所有的儿童都是保密的。

（2）游戏。

在对 Drumming Stroke 和 Multimedia Word 两个游戏进行简短介绍后，参与者亲身体验了 3 个小时。在这个过程中，观察和记录参与者的行为，并全程录像。7 名儿童参与了 Drumming Stroke 游戏（1 名新成员加入，未参加 Pre-test），8 名儿童参与了 Multimedia Word 游戏（1 名原有成员离开，2 名新成员加入）。每个游戏持续 80 分钟，在两个游戏间有 20 分钟的休息时间。

（3）Post-test。

游戏环节结束后，5 名参与过 Pre-test 的儿童再次参加了听写测试，听写内容和形式与 Pre-test 完全相同。试卷收回后，老师按照同样标准进行评分。

（4）用户访谈。

在实验过程中和 Post-test 之后，对儿童进行访谈。访谈问题主要针对他们的学校生活、他们在读写能力方面的困难及他们所认为的“理想”的汉字教学方法。儿童还提供了他们对游戏的反馈，并评价了在游戏中他们和他们伙伴们的表现。

6.7 用户体验

实验结束后整理问卷成绩、访谈结果和观察记录的手稿，进行分析和总结。尽管游戏的时间相对短暂，但从儿童的游戏过程中还是发现了一些有价值的结果。总体而言，儿童对这两个数字化游戏的评价是积极的，所有参与游戏的儿童都报告说，他们非常喜欢这两个游戏。儿童显示了对两个游戏的极大热情，尤其是 Multimedia Word。有 3 名女孩在用户研究结束后，又自发地玩 Multimedia Word 长达 1.5 小时，直到她们被父母接回家。

在客观数据方面，所有参与测试的儿童在 Post-test 阶段中对汉字字形及笔画顺序的掌握程度都有显著的提高。由于缺乏一个对照组，也可能会有其他的因素促成了这种提高，所以未来还需要长期的用户研究进行验证。值得注意的是，儿童们在进行 Post-test 阶段时并不知道他们在 Pre-test 阶段中的表现和出现的错误，因此游戏本身对促进儿童的汉字学习是有一定帮助的。

1. 直觉化界面和交互

由于 Multimedia Word 和 Drumming Stroke 两个 RBI 系统的设计都借鉴了传统游戏中的规则和元素，并利用了自然的笔交互技术，因此儿童的学习时间很短，他们很快就掌握了数字游戏的规则和要领。在 Multimedia Word 游戏中，儿童显示出了对草图、照相和录音的热情。根据访谈，这些儿童以前几乎没有接触过这些交互方式，他们对这些交互方式产生了强烈的兴趣。在 Drumming Stroke 游戏中，鼓点作为背景音乐出现，鼓励儿童尽可能快速、准确地书写笔画。随着鼓点的逐渐加快，儿童会感觉到被催促的紧张感，促使他们尽快完成自己的书写，并将移动设备传递给下一名儿童。有些儿童甚至会提前计算轮到自己时要写的是哪个笔画，以便做好准备。

2. 创造力

由于不需要学习过多的界面知识，儿童能够将注意力放在创造性活动中。在 Multimedia Word 游戏的录音阶段，儿童没有拘泥于预先设定的读出目标汉字的发音。他们觉得，这样会使游戏太过容易，而没有挑战性。他们使用其他声音来表达目标汉字，例如，模仿孩子的哭声并录音，配合一幅哭泣孩子的草图来指示孩子的“孩”。在 Multimedia Word 游戏的画草图阶段，一个女孩画了一张床和一个在床上睡觉的孩子，来表达“睡”。这个女孩也画了窗外的月亮和天花板上的灯来强调故事发生的场景——夜晚。

3. 角色和协作

首先，在这两个游戏中，游戏规则及儿童在游戏中承担的角色是由系统和儿童自己共同定义的。例如，在 Drumming Stroke 游戏中，持有移动设备的儿童会自动担任起“活跃者”角色，其他儿童就会担任“辅助者”角色；当有儿童书写的笔画出错时，鼓声停止，系统和其他儿童会共同约束担任“活跃者”角色的儿童接受“惩罚”。在 Multimedia Word 游戏中，首先持有移动设备的第一组儿童能够看到并选择字库，承担起“出谜者”的角色，并在出谜完成后将移动设备传递给第二组儿童；第二组儿童只能看到第一组儿童给出的多通道谜面，他们会在系统和第一组儿童的共同约束和辅助下承担起“猜谜者”的角色。

其次，在玩这两个数字游戏的过程中，儿童都表现出了非常强的合作性（见图 6.5）。在 Multimedia Word 游戏中，儿童自发地分成两组，并协商安排两个组玩游戏的先后顺序。在 Drumming Stroke 游戏中，当一个儿童书写笔画遇到困难时，其他的儿童会自动地帮助他/她，他们在桌面上书写自己认为正确的笔画，给“活跃者”提供建议。虽然传统的击鼓传花游戏属于竞争类游戏，但在数字游戏中，Drumming Stroke 赋予了儿童更多合作的可能。

（a）Multimedia Word 中的合作行为

（b）Drumming Stroke 中的合作行为

图 6.5　合作行为

最后，在玩这两个游戏时，儿童都有独占手机的意愿。这可能是由于在欠发达地区，与沙包或毽子这些传统游戏的工具相比，移动设备（尤其是具有手写功能的移动设备）是更加昂贵和稀有的。因此，占有这种相对昂贵的设备会给儿童带来自信感和优越感。值得注意的是，由于系统自身和全体儿童共同限定了游戏规则和角色转换，在实地研究中，这种倾向得到了约束。总体来说，角色的转换和规则的执行都非常顺利。

4. 学习

表6.2列出了儿童Pre-test阶段和Post-test阶段的成绩（1名儿童由于家中有事没有参加Post-test阶段）。从两次测试成绩的比较可以看出，在参与这两个游戏后，每名儿童独体字和合体字的听写成绩都有提高，这也从客观上验证了游戏的有效性。

表6.2 两次测试成绩比较

编 号	Pre-test：独体字	Pre-test：合体字	Post-test：独体字	Post-test：合体字
1	33	20	34	21
2	17	11	18	12
3	21	17	N/A	N/A
4	27	14	31	15
5	18	14	21	16
6	18	11	21	12

为了深入理解儿童的学习情况，我们还对儿童进行了访谈。结果显示，尽管在实际测试中，儿童笔画顺序的错误率较高，但是参与测试的儿童中只有3名儿童认为掌握笔顺有困难，其他儿童则认为这不是个严重的问题；几乎所有的儿童都认为，在学习一个新的汉字时，最困难的是学会如何把这个汉字正确地写出来。

在玩游戏的过程中，儿童能够通过群组讨论和自我纠正不断提高自己的汉字知识。这两个游戏都鼓励儿童进行积极的讨论和参与，在群组参与过程中，所有的儿童都会集中精力学习和讨论每一个汉字，因此每名儿童都能受益。观察也发现，经过尝试和讨论，儿童最终都能发现字库中汉字的正确写法。这种积极参与式的学习在传统的课堂中是很难见到的。与课堂上被动接受信息相比，通过这两个游戏，儿童更有意愿主动学习、探索并验证自己的答案。

参考文献

[1] TIAN F, LV F, WANG J, et al. Let's play chinese characters: mobile learning approaches via culturally inspired group games[C] //Proceedings of the 28th international conference on Human factors in computing systems. April 10-15, 2010, Atlanta, Georgia, USA. New York: ACM Press, 2010: 1603-1612.

[2] MATSUURA K. EFA Global Monitoring Report[R]. UNESCO, 2005.

[3] United Nations Development Programme, China[EB/OL]. http://ch.undp.org.cn/modules.php?op=modload&name=News&file=article&catid=13&topic=8&sid=447&mode=thread&order=0&thold=0.

[4] http://www.china.com.cn/zhuanti2005/txt/2003-03/07/content_5289097.htm.

[5] FINDLATER L, BALAKRISHNAN R, TOYAMA K. Comparing semiliterate and illiterate users' ability to transition from audio+text to text-only interaction[C] //Proceedings of the 27th international conference on Human factors in computing systems. April 4-9, 2009, Boston, MA, USA. New York: ACM Press, 2009: 1751-1760.

[6] KAM M, RAMACHANDRAN D, DEVANATHAN V, et al. Localized iterative design for language learning in underdeveloped regions: the PACE framework[C] //Proceedings of the SIGCHI conference on Human factors in computing systems. April 28-May 3, 2007, San Jose, California, USA. New York: ACM Press, 2007: 1097-1106.

[7] PAWAR U S, PAL J, GUPTA R, et al. Multiple mice for retention tasks in disadvantaged schools[C] //Proceedings of the SIGCHI conference on Human

factors in computing systems. April 28-May 3, 2007, San Jose, California, USA. New York: ACM Press, 2007: 1581-1590.

[8] KAM M. MILLEE: Mobile and Immersive Learning for Literacy in Emerging Economies[D]. Berkeley: University of California, Berkeley Computer Science, 2008.

[9] KAM M, KUMAR A, JAIN S, et al. Improving literacy in rural India: cellphone games in an after-school program[C] //Proceedings of the 3rd international conference on Information and communication technologies and development. Doha, Qatar. Piscataway: IEEE Press, 2009: 139-149.

[10] The evolution of the Chinese writing system[EB/OL]. http://www.xmuoec.com/gb/teacher/hanzi/02/02_02_1.htm.

[11] KAM M, MATHUR A, KUMAR A, et al. Designing digital games for rural children: a study of traditional village games in India[C] //Proceedings of the 27th international conference on Human factors in computing systems. April 4-9, 2009, Boston, MA, USA. New York: ACM, 2009: 31-40.

[12] AGUILERA M D, MENDIZ A. Video games and education: Education in the Face of a “Parallel School”[J]. ACM Computers in Entertainment, 2003, 1(1): 1-10.

[13] ARANDA D, S NCHEZ-NAVARRO J. Understanding the use of video games in non-formal education in Barcelona[C]//Proceedings of the 2008 International Conference on Advances in Computer Entertainment Technology. Yokohama, Japan. New York: ACM Press Press, 2008: 385-388.

[14] BANERJEE A, COLE S, DUFLO E, et al. Remedying Education: Evidence from two randomized experiments in India[R]. MIT, 2004.

[15] MORAVEJI N, KIM T, GE J, et al. Mischief: supporting remote teaching in developing regions[C] //Proceedings of the twenty-sixth annual SIGCHI conference on Human factors in computing systems. April 5-10, 2008, Florence, Italy. New York: ACM Press, 2008: 353-362.

[16] MORAVEJI N, INKPEN K, CUTRELL E, et al. A mischief of mice: examining children's performance in single display groupware systems with 1 to 32 mice[C] //Proceedings of the 27th international conference on Human factors in computing systems. April 4-9, 2009, Boston, MA, USA. New York: ACM Press, 2009: 2157-2166.

[17] MOED A, OTTO O, PAL J, et al. Reducing dominance in multiple-mouse learning activities[C] //Proceedings of the 9th international conference on Computer supported collaborative learning—Volume 1. Rhodes, Greece. Rosten: International Society of the Learning Sciences, 2009: 360-364.

[18] HOROWITZ J E, SOSENKO L D, HOFFMAN J L S, et al. Evaluation of the PBS Ready To Learn Cell Phone Study: Learning Letters with Elmo[R]. 2006.

[19] 黄金明. 乡村游戏[C]. 广州：南方日报, 2006.

[20] 艾丫. 游戏书：215 个经典游戏的玩家指南[M]. 北京：海豚出版社, 2007.

[21] 张新立. 教育人类学视野下的彝族儿童民间游戏研究[D]. 重庆：西南大学, 2006.

[22] String game[EB/OL]. http://en.wikipedia.org/wiki/String_figure.

[23] Pictionary[EB/OL]. http://en.wikipedia.org/wiki/Pictionary.

[24] N800[EB/OL]. http://www.nokiausa.com/findproducts/phones/nokia-n800-r5.

[25] GTK[EB/OL]. http://www.gtk.org.

[26] Gstreamer[EB/OL]. http://gstreamer.freedesktop.org.

[27] WOBBROCK J O, WILSON A D, LI Y. Gestures without libraries, toolkits or training: a $1 recognizer for user interface prototypes[C] //Proceedings of the 20th annual ACM symposium on User interface software and technology. October 7-10, 2007, Newport, Rhode Island, USA. New York: ACM Press, 2007: 159-168.

[28] Stroke order[EB/OL]. http://www.shuifeng.net/pinyin.asp.

[29] 新安县扶贫开发情况调查报告[R]. 河南新安县: 新安县扶贫办, 2009.

▶第 7 章

儿童讲故事领域应用实践

本章介绍一个基于笔和肢体交互的儿童讲故事系统 ShadowStory[1]。该系统遵循基于现实的设计方法，调研儿童日常游戏中的问题，分析中国传统皮影艺术的要素，并以此为隐喻进行设计。实地研究结果表明，ShadowStory 体现了基于现实的交互界面直觉化的优点，能够促进儿童的创造性、协作性和对传统文化的亲密感，同时能帮助儿童将数字游戏体验带入到日常游戏中。

7.1 背景

最近几年，人机交互的研究在发展中国家引起了广泛的关注，催生了各种作用于不同领域的技术，如促进教育的发展[2, 3]、扶助未受教育群体[4, 5]或为农村地区提供服务。这些举措可以提高发展中国家人民的生活质量，并缩小发展中国家与发达国家之间存在的技术差距。然而，任何事情都有两面性，人们最近才开始注意到，经济快速增长和城市化可能会给发展中国家带来新的社会问题，包括社区关系的弱化、信息技术的滥用和传统价值观的丢失等。这些问题往往最容易体现在社会的最新一代——儿童身上。例如，在当今中国，尤其是在城市地区，一方面，儿童与之前的任何一代人相比都受到了更多的关注，享受着更舒适的生活环境并接受更全面的教育，也担负着来自家庭的更高期望；而另一方面，据报道称，儿童与之前的各代人相比更加孤僻，更以自我为中心，缺乏人际交往的能力[6]。此外，儿童的娱乐方式越来越多地依赖于电子玩具和电脑游戏，但这些方式大部分往往只能提供简单娱乐，并不能像传统游戏一样鼓励和激发儿童的创造力[7]。这些问题可能会严重影响儿童的发展。

同时，随着全球化影响的不断渗透，许多已经被传承了许多代的本土传统文化和艺术，在年轻一代中已鲜为人知，甚至濒临消失。这种非物质文化遗产被联合国教科文组织定义为“能够提供文化认同感和传承感，从而提高人们对于文化多样性和人类创造力的尊重的文化遗产”[8]。在现代化的大背景下，如何保护并将文化遗产传递给后代是发展中国家面临的又一挑战。

有趣的是，当今环境中儿童所缺乏的创造与合作，恰恰在许多传统艺术形式中有极其丰富的表现。例如，京剧和皮影戏表演等传统艺术形式，由于融合了多种创作形式（视觉、音乐、戏剧等），所以需要艺术家们紧密合作。因此，以游戏的形式让儿童参与这些艺术活动，也许能提供一种潜在的促进儿童的创造力和合作能力的机会，同时能够提高他们对文化遗产的熟悉和认知程度。然而，鉴于传统艺术家人数不断减少，目前可供儿童亲身体验这些艺术的机会也更为稀缺。与此同时，这些艺术往往还要求创作者拥有高超的技巧并投入大量的时间进行学习，所以与现代娱乐科技相比，儿童的参与被设置了更高的门槛。因此，让儿童沉浸在传统艺术中并不像我们所希望的那样简单。

基于这一挑战，本工作将传统艺术的关键元素与交互技术的便捷性、即时性结合起来，为儿童创造有趣的交互式系统作为在这个方向上的首次探索，本工作以皮影戏（一种中国的传统艺术）作为灵感来源。皮影戏被列为国家级非物质文化遗产，是一种古老的戏剧艺术［见图 7.1（a）］，距今有 2000 多年的历史[9]。不同于大多数其他形式的人偶，皮影是由半透明的皮革做成的平面关节型人偶。展现故事情节的方式有人偶的动作、旁白、对话及艺人所唱的唱词，唱词类似于中国戏剧。皮影的特殊机制使其具有高度独特的视觉风格和动作语言。皮影戏在中国有几种流派，它的变种存在于 20 多个国家中。皮影戏表演的内容是由世世代代积累而来的，涵盖了传统神话、传说、历史等。然而，作为曾经在中国非常受欢迎的一种民间娱乐形式，皮影戏现在却成为濒临失传的一门艺术。造成这种现象的原因，一方面是目前现代娱乐占据了主导地位；另一方面是制作和操纵皮影需要复杂的技艺。

以皮影戏为灵感来源，本节创建了 ShadowStory 这一讲故事系统［见图 7.1（b）］，允许儿童自由创建数字皮影并表演故事，其风格与传统皮影戏相似。ShadowStory 通过数字技术提供简单的交互操作和直观化的界面；同时还保留了实体皮影戏的关键过程和元素。本工作是通过交互技术提高儿童创造和协作能力、促进传统文化传承的一次全新的尝试。

（a）中国皮影戏（Alex Yu 拍摄）

（b）三名儿童进行 ShadowStory 表演

图 7.1　中国皮影戏及 ShadowStory 表演

长期以来，许多研究人员试图通过科技促进儿童的创造力和（或）合作能力。研究者们开发了电子画笔“I/O Brush”[10]，它允许儿童从日常物品中挑选颜色、纹理和动作，并使用它们进行创造性地绘画；MEDIATE[11]利用视觉、听觉和触觉震动刺激，激发自闭症儿童的创造力；Tangible Flags[12]是一种移动技术，它让幼儿在外出活动时也可以合作创建简报；WHAT-IF[13]结合数个手持设备，创建更大的信息查看界面，由此促进儿童之间的合作与交流。

在这些尝试中，与本章工作最相似的是关注儿童讲故事活动的工作。据研究，幻想类讲故事活动对于儿童的发展至关重要[7, 14]。幻想故事除了能无限包容儿童创造性的想象力以外，还提供了一个可以让儿童扮演不同角色的空间，从而激发出儿童之间类似于现实生活中各种群体的互动和合作。为了支持幻想故事，大量交互系统应运而生，其中很多技术旨在将数字和现实世界相互交织。例如，StoryMat[15]和 Rosebud[16]都把物理仪器玩具作为叙述性故事的索引和载体；Video Puppetry[17]用一部高架的摄像机来追踪纸制人偶的表现，并把它们转换成数码故事。Pogo[18]和 TellTable[19]允许儿童使用摄影来捕捉真实世界中的对象，并作为他们数码故事中的元素。TellTable[19]也利用多点触控桌面，让数个儿童得以分别独立和协作地工作。其他系统，如 StoryTable[20]和 KidPad[21]则更进一步，通过引入必须由几名儿童共同执行才能完成的操作，明确鼓励儿童之间进行合作。

文化遗产的保护和振兴也吸引了许多人机交互方面研究人员的注意。例如，Ruffaldi[22]等创建了一个信息数字化景观系统，运用数码技术展示文化遗产内容，如沉浸式可视化。Multicultural Videos[23]是一座在线交互博物馆，世界各地的艺术家们可以用其来分享他们的文化遗产。Amicis[24]等还将儿童定位为目标人群，利用娱乐性的虚拟环境和电子游戏来促进儿童对于历史和文化遗产的学习。

与这些工作相比，Shadowstory 创新性地把传统文化要素应用于儿童讲故事系统当中，旨在提升儿童的创造和协作能力，并增进他们对传统文化的亲密感。

7.2 儿童日常游戏调研

为了了解中国城市尤其是相对发达的城市中儿童日常游戏的现状和问题，本节首先介绍在北京的一所公立小学进行的非正式访谈。该学校中的两位教师和5名学生（年龄7～8岁）参与了本次访谈。两位教师都是小学二年级的班主任，其中一位教师有 4 年教龄，担任走读班的班主任（班上有 37 名学生）；另一位教师则有着超过20年的教学经验，担任寄宿生的班主任（班上有36名学生）。本次访谈的问题集中于儿童游戏的习惯、创造力和合作能力，以及他们对传统文化的熟悉程度。此外，我们还观察了学生在学校的课间游戏，以验证访谈得到的结论。

根据两位教师的经验，儿童的日常游戏中存在两个主要的问题。首先，儿童很少有机会玩具有创造性的幻想游戏。男生最常玩的游戏是一种简单的追逐游戏“一二三，木头人”，而女孩则玩一种简单的跳跃游戏“编花篮”。其次，儿童也缺乏协作能力，当儿童学习如何玩“扔沙包”时，他们需要教师帮忙协调两队之间的攻守交换。许多儿童只会模仿教师的行为，而不会与其他队友合作。我们对儿童课间游戏的观察印证了两位教师的结论。教师们进一步评论道，这些问题在近年来变得愈加明显，却尚未引起足够的重视。

这些问题的形成有三个主要的原因。第一，目前电子娱乐游戏方式占据了儿童大部分的游戏时间。据受访学生透露，他们在家的娱乐形式主要是看电视、玩电子玩具和电脑游戏。例如，有两名男孩沉溺于玩一款流行的在线社交游戏“开心农场”。这些虚拟的内容不仅减少了儿童与他人的直接互动，还可能预先固化他们的思维方式及他们在现实世界中玩耍的方式。第二，独生子女政策使得这一代儿童在家庭中缺少玩伴。第三，当今的中国父母对儿童抱有很高的期望，因此很多儿童常常需要参加各种课外教程，如音乐、美术或外语等，以至于他们自由玩耍的时间减少了。所有这些因素都可能导致儿童的创造力和合作能力的下降。

此外，尽管学校正在努力促进中国传统艺术的教育，但是大多数的学生对传统艺术形式并不是特别熟悉。这在一定程度上是由于西化了的漫画和电脑游戏占据了大多数儿童的娱乐内容，而本土艺术不再是生活中常见的一部分。以皮影戏为例，在我们问到的 36 名儿童中，只有 1 名儿童与她的父母一起亲身体验过，其他大多数的儿童都只是在电视上见过，但对皮影戏这种艺术形态并不怎么了解。

为了解决这些问题，我们试图开发一个以传统皮影戏为隐喻的数字化讲故事系统。系统将利用基于现实的交互技术，鼓励儿童在合作中自由、自发地展现他们的创造力。

7.3　传统皮影戏调研

皮影戏［见图 7.1（a）］是一种古老的艺术形式，距今有 2000 多年的历史[9]，目前已被正式列为国家级非物质文化遗产。皮影戏中的角色由半透明的牛皮或驴皮雕刻而成，皮影艺人在影幕（亮子）后操纵这些角色，灯光将角色的动作投影在影幕上，结合对话、音乐和表演者的唱念，形成皮影故事。由于皮影戏这种传统艺术形式需要艺术家们在一起紧密合作，进行多种形式的创作，所以其中存在着丰富的创造和协作行为。因此，我们以传统皮影戏作为隐喻的来源，提取其中能够吸引儿童并且适用于数字化系统的关键元素，以此为基础设计数字化系统，从而提高儿童的创造力和协作能力，并增强他们对传统文化的亲密感。

为了提取传统皮影戏中的关键元素，我们共调研了 20 部中国古典皮影戏。

调研的方法包括阅读皮影戏故事、观看皮影戏视频、观看媒体对皮影戏艺术家的访谈、亲自观察皮影艺人的创作过程、向他们学习如何操纵皮影等。通过调研，归纳了皮影艺术中的关键元素，包括设计和表演阶段、皮影的创造过程、颜色和纹样、组件和操纵、表演中的协作等因素。

1. 设计和表演阶段

和其他常见的木偶艺术或戏剧艺术一样，皮影戏的生成由设计阶段和表演阶段两个部分组成。在设计阶段，皮影艺术家需要确定皮影戏剧本的故事情节，创造出皮影角色、道具和背景，并且谱出音乐和歌词。传统皮影戏的剧本情节通常围绕着大多数观众所熟知的中国传统的神话或传说展开。和其他形式的中国艺术相似，皮影戏常常描绘一些著名人物形象，如孙悟空。在表演阶段，皮影艺术家站在影幕后操纵皮影角色，配合叙述，以对白和唱腔的演绎形式来讲述皮影故事。皮影、光、音乐和故事综合在一起，给观众带来了引人入胜的体验。

2. 创造皮影

皮影角色是用驴皮或牛皮做成的，这种皮革非常轻并且呈半透明，通过后置照明装置透射到影幕上。皮影道具创造有三个主要的步骤：首先，使用钢针笔把各部件的轮廓和设计图案纹样分别描绘在皮面上，再使用一系列的刻刀镂刻出各部件内部的花纹和线条［见图 7.2（a）］；然后，使用笔刷在各个部件上涂上明亮的颜色，使得皮影道具在投射到影幕时能够透出生动的色调［见图 7.2（b）］；最后，将枢钉或线将各个部件缀结合成，从而制作出有关节的皮影角色［见图 7.2（c）］。制作皮影道具需要非常高的手工工艺技能，通常需要花费一名经验丰富的皮影艺人 2～3 天的时间。每一个制作出的皮影道具都是独一无二的，具有鲜明的地域特点和艺术家的独特风格。

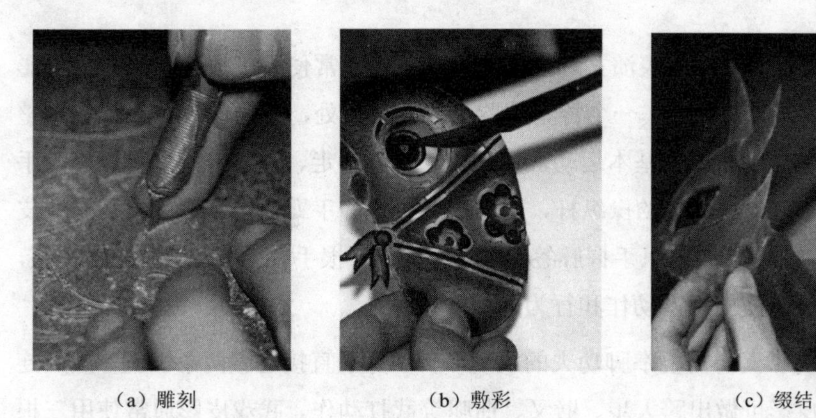

（a）雕刻　　（b）敷彩　　（c）缀结

图 7.2　创造皮影

3．颜色和纹样

与京剧类似，不同的颜色用来表达不同的角色性格。例如，黑色代表刚正不阿，红色代表忠勇刚烈，白色代表奸诈邪恶。同时，皮影造型上的各种图案纹样，如花朵、动物及汉字都被用于体现皮影角色的身份和性格，如图 7.3 所示。

图 7.3　不同颜色和纹样的皮影造型

4．组件和操纵

一个典型的皮影一般由 11 个或 12 个部件组成：头茬、上腹（身子）、下腹（或两条大腿）、两小腿、两上臂、两下臂和两只手［见图 7.4（a）］。

文戏皮影人物通常没有武打姿势与动作，因此下腹处仅装订了一个袍裾上摆，直接连两条小腿。表演文场人物时，表演者通常使用三根竹签来控制皮影[见图 7.4（b）]。其中，一个竹签放置于皮影脖领处，称为脖签，用于支撑整个皮影，并控制角色的基本运动，如站立、坐、行走、跳跃等；另两只称为手签，是皮影两只手对应的操纵杆，用来控制皮影的手臂运动和手部姿势。在皮影表演时，皮影艺人一只手握脖签，另一只手握两根手签，通过操纵三根竹签，使皮影角色表演出很多动作和行为。

武戏皮影人物需要拳脚功夫的展现，所以身子直接连缀两条大腿，然后连缀小腿，皮影可做出跨大步、劈叉、曲腿等武打动作。武戏皮影通常使用三根签来操纵，有时也会用五根签来操纵。

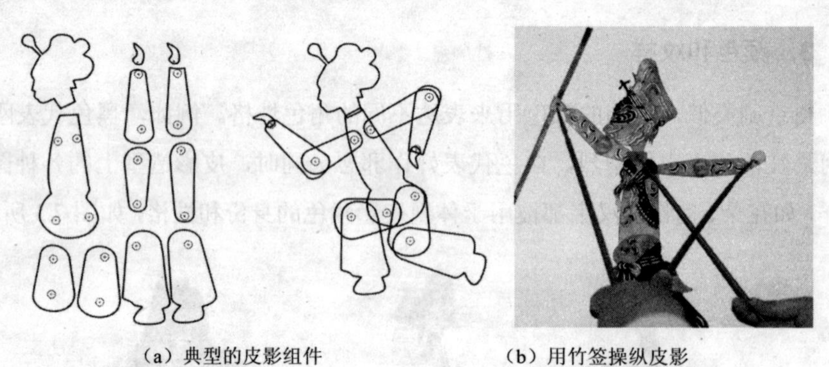

（a）典型的皮影组件　　（b）用竹签操纵皮影

图 7.4　皮影组件和操纵

5. 唱腔、旁白和音乐

除了上面列出的视觉元素，唱腔、旁白和音乐也在皮影表演中发挥着重要的作用。与许多中国戏曲类似，这些声音元素不仅帮助观众理解整个故事，也为表演增添了气氛和效果，同时也给皮影角色的动作提供了节拍。

6. 表演中的协作

协作是皮影戏表演中的关键。在皮影表演中，需要表演者每人控制一个或几个角色，在一起精确地配合与协同工作，尤其当角色间发生交互行为时，如握手、拥抱、战斗等。当皮影角色的行为比较复杂时，甚至需要几名表演者共同表演同一个角色。

7.4 系统设计和实现

基于前文的调研，本节设计了一个儿童讲故事系统 ShadowStory。借鉴传统皮影戏的两个阶段，ShadowStory 中也包括两个模式：设计模式和表演模式。在设计模式中，儿童可以使用平板电脑和数字笔创造故事素材；在表演模式中，儿童可以根据故事需要选中素材，并且拖拽到舞台上，然后使用传感器通过肢体动作控制角色的运动，从而进行故事表演。与传统皮影戏类似，ShadowStory 系统包含了协作的机制。在表演模式环节，由于每名儿童只能控制一个人物角色或道具，几乎所有的故事都需要儿童共同协作完成；在设计模式环节，由于儿童需要共用一个平板电脑和数字笔，因此也鼓励儿童进行协作来共同完成素材设计。

我们使用迭代设计流程。在一所小学召募 3 名儿童进行初步测试，根据测试结果，简化了流程，提高了可用性，确保了最终系统的稳定性。

7.4.1 设计模式

在设计模式下，儿童可以在平板电脑上使用数字笔创建三种故事元素：人物、道具和背景。ShadowStory 系统提供了与传统皮影制作相似的工具。首先，系统模拟了传统皮影中的两种刻刀，一种刻刀模拟现实皮影制作中的钢针笔，用来雕刻皮影角色各个部件的轮廓边缘；另一种刻刀模拟现实皮影制作雕刻纹样的各种刻刀，用来雕刻角色内部的图案和纹样。其次，系统还提供画笔工具，支持在皮影上涂绘出不同颜色和厚薄的色彩。另外，系统还提供了一些“图章”

工具，使儿童能够轻松地印刻一些常见的传统纹样，如象征富贵吉祥的牡丹纹、象征万福万寿的万字纹等。

儿童可以利用刻刀等工具创建故事元素，其中道具和背景都是无关节的。在创建这两类元素时，系统提供了灰色的空白背景，代表皮影艺术家所使用的皮革。儿童可以使用刻刀和画笔工具在“皮革”上创建简单的物体。在道具模式中，儿童可以创造在表演中可移动的物体，如动物。在背景模式中，儿童可以创造在表演中保持静止的元素作为舞台背景。

为了使人物角色在表演中实现关节运动，ShadowStory 系统借鉴了典型皮影人物的部件组成，以此为基础提供了人物角色模板。与典型皮影人物的结构相似，该模板包括 11 个必要组件，头部、胸部、腹部、左/右前臂、左/右上臂、左/右手和左/右小腿，及一个可选组件——武器（见图 7.5）。在创建完人物角色的各组件后，儿童可以将完成的人物保存到库，以便在后续表演中使用。

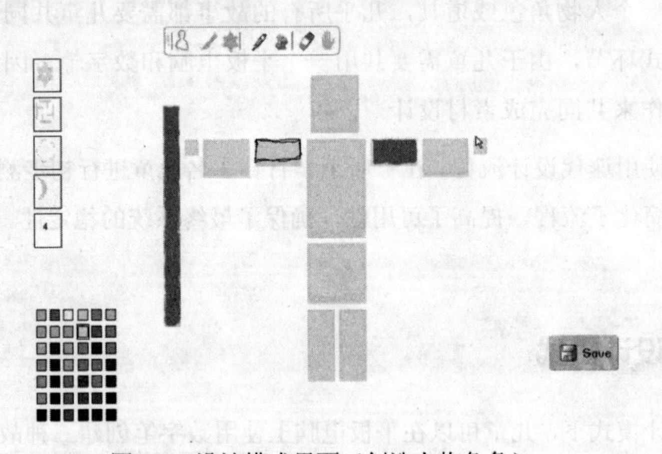

图 7.5　设计模式界面（创造人物角色）

除了儿童创建的元素，该系统还提供了包含传统皮影戏中经典人物、道具和背景的数字库，其内容都是中国儿童所熟知的。这些内容可以直接用于儿童的表演或启发儿童自己创作。

唱曲、对白和音乐等听觉元素并没有包含在设计模式中。对于儿童而言，创造听觉元素比创造视觉元素更加困难，因此系统把听觉元素留在表演阶段，让儿童根据他们的实际需要进行创造。

7.4.2　表演模式

当故事需要的素材都创造好后，儿童切换到表演模式来表演他们的故事。他们根据设计的故事安排舞台元素，从人物库、道具库、背景库中选择已储存的故事元素。当每个角色或道具素材被拖拽到舞台上时，系统会自动分配一对传感器。当背景素材被拖拽到舞台上时，会自动取代前一个背景。当舞台布置好后，儿童可以按“表演”按钮来激活手持传感器并表演他们的故事，如图7.6所示。表演界面也可在投影屏上显示，对所有表演者和观众都可见，让他们可以和彼此互动，这些过程都与真正的皮影戏非常相似。

图7.6　表演模式界面

正如上文所述，操纵实体皮影需要高度熟练的手部控制，在传统皮影表演中，需要经过长时间的学习才能用竹签控制皮影。为了在系统中简化控制机制，系统用简单的无线手持传感器代替传统的竹签控制。儿童两手各持一个传感器通过第一个传感器控制角色向左、右、上、下移动，通过第二个传感器使人物角色向对应的方向弯曲身体，就像在鞠躬或东张西望。根据这些动作，人物的其他关节可以相应地自动移动，例如，人物行走时胳膊和腿会自然地摆动。由于一名儿童只能控制一个人物或道具，几乎所有的故事都需要由数名儿童合作表演。

在用肢体运动操纵角色表演的同时，儿童可以讲述故事或者做出一些声音效果，来配合故事发展的剧情。对于儿童而言，创造音乐、唱曲等元素相对而言比较困难，因此系统并没有强制要求，而是让儿童根据他们的实际需要进行创造。在故事结尾处，儿童按下停止按钮就可以结束故事的表演。

7.4.3 系统实现

ShadowStory 的硬件包括平板电脑、投影仪和 WiTilt 传感器[25]，如图 7.7 所示。传感器的尺寸为 2.20 英寸×2.81 英寸×0.73 英寸。每个传感器通过蓝牙以 50Hz 的频率向平板电脑传输俯仰角、航向角和横滚角的信息。

在每名儿童手持的两个传感器中，第一个传感器的俯仰角被线性映射为人物或道具角色在屏幕上的竖直位置，横滚角被线性映射为人物或道具角色在屏幕上的水平位置；第二传感器的横滚角被线性映射为人物角色的弯腰角度或道具角色的旋转角度。如果需要，系统可以继续增加传感器。系统用 Flash 实现界面，用 C++实现传感器通信。

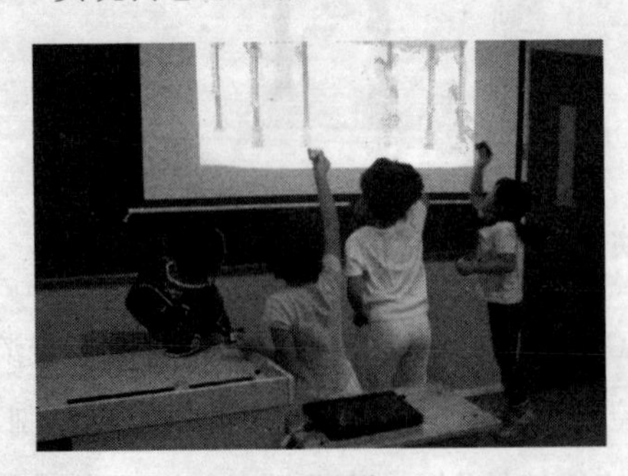

（a）儿童与设备

（b）手持传感器（图片来自 www.sparkfun.com）

图 7.7 系统硬件

7.5　实地研究

为了探索 ShadowStory 系统的作用和效果，我们进行了实地研究。由于系统的目的是促进儿童创造性地讲故事的能力及增强儿童对传统文化的亲密感，因此使用主观指标进行评估，采用观察和访谈等方法收集参与者的反馈信息。本节将详细描述实地研究的过程，并根据实地研究中观察和访谈结果归纳用户体验。

我们在北京的一所公立小学进行了一周半（7 个工作日）的实地研究，研究目的是探索儿童如何使用 ShadowStory 系统，并观察使用过程中可能会出现的有趣行为。该学校共有 4000 余名学生，包括 3600 余名走读生和 400 余名寄宿生。其中，寄宿生在下午课和晚餐之间，有一节课外活动课。

实地研究共持续 7 次，每次占用一节课外活动课，持续约 40 分钟。参与对象是 36 名小学二年级寄宿生，年龄分布为 7～9 岁。在 36 名儿童中，有 14 名儿童（5 名男生，9 名女生）使用了 ShadowStory 系统。这些儿童经过自由协商，组成 4 个小组。在最后一天，4 组儿童在全班同学面前公开表演他们创造的故事。

整个实验过程共有 1 位教师（班主任）和 3 名研究人员参与。在第一天现场研究开始之前，研究人员为儿童演示了 ShadowStory 系统的使用方法和流程。每组儿童在研究人员手把手地帮助下，练习传感器动作控制，用时约 10 分钟。当儿童掌握系统操作后，研究人员和教师就不再参与他们的活动，只有当他们遇到技术困难时才介入，如帮助儿童旋转平板电脑的屏幕。

实地研究选择教室作为场地，是因为儿童大部分时间都在教室里学习和玩耍，他们非常熟悉这个环境，这样就有可能将 ShadowStory 的数字体验转化到日常活动中。两台摄像机分别架设在平板电脑和投影屏幕旁边，记录教室里发生的所有活动，我们还通过录屏软件记录电脑上的交互行为。

在实验过程中，我们共采访了 16 名儿童。其中，10 名儿童使用过 ShadowStory 系统；6 名儿童虽然自己没有参与，但观察了其他人的使用过程。这些访谈都在教室里进行，访谈内容包括儿童对系统的整体印象、故事情节的灵感来源、与观众和其他小组的互动等。

7.6 用户体验

所有使用过 ShadowStory 的儿童都报告说，他们非常喜欢 ShadowStory，而没有使用 ShadowStory 的儿童则希望下次能够有机会参与。儿童认为系统提供的工具和交互方式直接而且易用，他们很快就理解了使用手持传感器的操纵机制，经过几分钟的练习之后都掌握了用传感器控制角色的方法。本节整理了儿童创造力、协作和对传统文化的亲密感这三个方面的体验，以及数字游戏和物理游戏之间的转化。

7.6.1 创造力

尽管时间较短，儿童依然创造了 6 个独特的故事。其中的一些故事除了使用系统提供的传统皮影素材，还创造了新的素材。儿童一共创造了 4 个人物角色、3 个动物角色（其形式为道具角色）和 4 个背景。图 7.8 展示了儿童创造的两个故事，图 7.9 展示了儿童设计的一些新素材。表 7.1 总结了这些故事的特点，每个故事都有一个简单而清晰的情节主线。

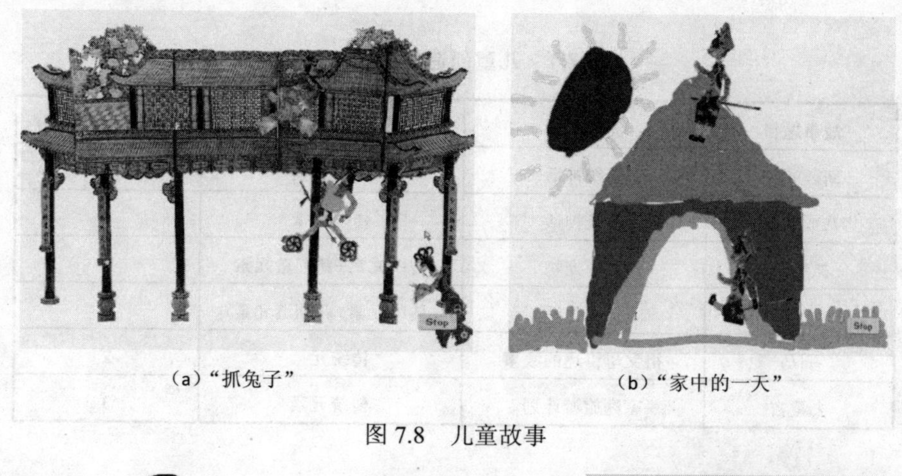

（a）“抓兔子”　　（b）“家中的一天”

图 7.8　儿童故事

（a）人物角色　　（b）动物“小兔子”　　（c）背景（印有传统的图案）

图 7.9　儿童创造的故事元素

如表 7.1 所示，儿童故事创造的灵感来源非常丰富。除了传统神话外，家庭生活也是另一个重要的灵感来源。一个有趣的现象是，儿童常常会将这两种灵感来源混合在一起。例如，在《抓兔子》故事中［见图 7.8（a）］，兔子是按照一名儿童家中的宠物形象创造的，而故事的另两个角色则是传统神话中的公主和哪吒，儿童创造出一个半神话、半真实的故事；而在《家中的一天》故事中［见图 7.8（b）］，儿童复制了多个孙悟空形象，分别代表自己和其他伙伴，儿童还画出一幅背景图画代表家，共同表演孙悟空们在家中玩耍的故事。

表 7.1 儿童创造的故事总结

故事题目	灵感来源	元素类型	表演者人数（人）
新西游记	传统神话	传统元素	4
猪八戒的故事	传统神话	传统元素	3
抓兔子	家中宠物	传统元素+新创造元素	3
家中的一天	日常生活	传统元素+新创造元素	2
驯马	祖父母讲述的故事	传统元素	2
去蒙古	家庭旅游计划	传统元素	3

儿童的创造性还体现在他们通过发明新的交互语言来弥补系统功能的不足。例如，在《新西游记》故事中，根据剧情需要，唐僧要躺下来假装生病，而“躺下”这个动作是当前系统不支持的，于是儿童创造出了一个新的交互语言，让唐僧站在一根柱子背后，象征躺下这个动作（这种象征性动作经常在中国戏剧中出现）。系统另一个约束是不支持在表演过程中增加新的角色或背景，为了克服这个问题，在《去蒙古》故事中，儿童将山脊状的屋檐当作与其形状相似的蒙古帐篷，当角色骑着一匹马走到帐篷附近时，标志着这一幕戏已经切换到了蒙古。

除了有计划的创造，在设计和表演两个阶段都观察到儿童的即兴创造行为。当角色被创造好之后，其他儿童的建议可能会改变创造者的原有设想，故事和角色设定因此发生彻底改变。例如，在《新西游记》故事中，让唐僧生病是由一名儿童临时提议的，她想让唐僧装病来迷惑一个邪恶的女妖。在儿童的幻想游戏（Fantasy Play）中也能经常观察到这种即兴表演[26]。

儿童的这些行为使我们确信，创造力是儿童的固有能力，但是他们缺乏锻炼和表现的机会，而 ShadowStory 给儿童提供了表现丰富创造力的机会。

7.6.2　协作

在 ShadowStory 的表演阶段，需要多名儿童协调他们各自的角色共同表演一个连贯的故事，因此协作成为 ShadowStory 的固有属性。儿童会协作规划舞台上角色的行为（“等等我！你先朝右走。”）并规划下一个步骤（“咱们先到天上玩，等会儿再到地上去。”）。一些儿童会自愿承担起“导演”的角色，组织和协调所有演员。在设计阶段，协作也是必不可少的，如图 7.10 所示。大部分故事情节和素材通过小组讨论生成，其中包含了每一位小组成员的贡献。

（a）设计阶段的协作

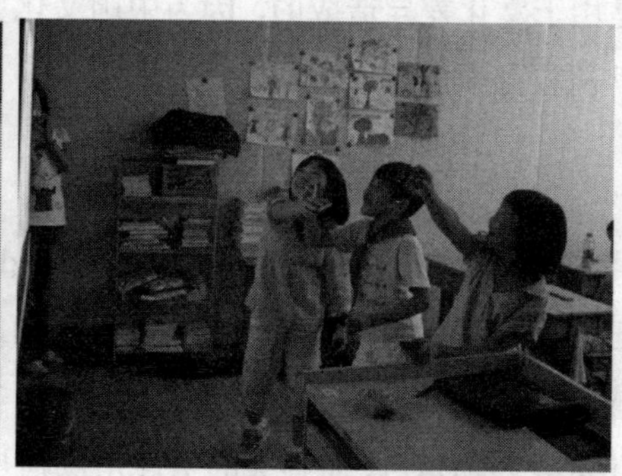

（b）表演阶段的协作

图 7.10　儿童协作行为

除了上述一般性的协作行为之外，本节还将具体描述下列协作行为。

1．次序轮替（Turn-taking）

虽然在表演阶段系统提供了多个传感器，能够支持多名儿童同时操作，但是在设计阶段，平板电脑和数字笔仅能支持一名儿童使用。因此，与使用多点触摸桌面的系统[20]的不同，ShadowStory 要求儿童之间必须进行次序轮替。与我们在初始调研中的发现稍微不同，在使用 ShadowStory 系统创造故事元素时，儿童能够主动地协调他们之间的次序。我们没有观察到一名或少数几名儿童完全支配系统的现象，这与其他一些系统[20]报道的情况相反。许多儿童会在完成特定步骤后自愿让出数字笔，例如，当雕刻完轮廓后，一名儿童主动将数字笔交给另一名儿童，让她涂色。这种主动行为常发生在亲密朋友之间。

在其他情况下，次序轮替的规则需要事先确定，有时儿童会使用简单的规则，如按年龄从小到大排序，“你比我们都大，你能最后吗？”有时儿童会使用更“公平”的方法，例如，当不能达成共识的时候，用“剪子包袱锤”“手心手背”等猜拳方法决定次序。当出现次序轮替上的“不公平”现象时，小组成员通常会指出并通过协商来纠正问题。需要指出的是，实验观察到的这些次序轮替行为与相关工作中对西方儿童的观察稍微有所不同，我们认为这种不同是由于文化差异造成的，因为中国文化更强调礼仪和避免冲突，这些在儿童的早期教育中也有所体现。

2. 角色分配

与其他 Storytelling 系统相比，ShadowStory 更强调公开表演。儿童会把自己表演的角色当成自己形象的化身，因此对角色的选择赋予了更多考量。个人感受是儿童选择角色最主要的原因，许多女孩会选择漂亮的女性角色或可爱的儿童或动物角色，而强大的男性角色则是男孩的首选。当角色选择发生冲突时，他们会协商备选方案（“我已经选了这个了。你可以选那个女孩，她也很漂亮。”）。当一些儿童无法做出角色选择的决定时，其他成员会提出建议。

有时角色选择本身也会成为驱动情节发展的关键因素。例如，在《猪八戒》的故事中，一名男孩最初设想了一个比较简单的场景，猪八戒（自己扮演）在公园里休息；当组内其他儿童询问各自的角色时，剧情进行了发展和丰富，演化成了由所有团队成员参与的猪八戒和女妖之间的战斗。当团队中唯一的女孩拒绝扮演女巫时，情节又发生了变化，最终演化成了一场猪八戒、观音菩萨和孙悟空之间的战斗，这些角色在传统神话中都是正面人物。

通常角色分配会在表演开始前完成，但是有时也可能在表演过程中重新分配。例如，一名女孩在表演进行到一半时让出了她扮演的“哪吒”，因为另外一名女孩认为哪吒的形象非常可爱。在有些情况下，角色分配会在不同组的儿童间完成。在表演的最后一天时，因为《猪八戒》的故事中两名男孩认为进行打斗类故事男孩们一起表演更有趣，该组中原来扮演观音的女孩被组外一名男孩取代，这名女孩最终加入了另一名男孩创造的“驯马”游戏，并成为了故事中的新角色。

3. 与观众互动

用户研究的最后一天，14 名使用过 ShadowStory 的儿童在全班同学和班主任老师面前进行公开表演。我们发现，表演者和观众之间也存在互动。

通过观看表演，观众常常会迸发出自己的故事灵感。一名儿童向我们口述了他看了表演后构思出的故事。更有趣的是，在台下备演的儿童会根据观众对其他故事的反馈来调整自己的表演。如果观众们认为正在表演的故事情节太简单，排在后面的表演组就会增添新的剧情使他们的故事看上去不那么“简单”。

另外，我们发现观众的鼓励和认可能帮助表演者建立自信，特别是那些平常被孤立的儿童。班级中的一名男孩由于爱哭，在班级团体活动中经常被其他儿童孤立。但是，他创造出了一个非常有趣的故事，因而成功地吸引了一名儿童成为他的故事伙伴，他们的表演也获得了观众的认可。当表演结束后，他逐渐开始被邀请参与其他的团体活动。

与现有的游戏相比，ShadowStory 为儿童提供了一个开放的平台，能够激励儿童自发的协作行为，从而帮助儿童发掘他们潜在的协作能力。

7.6.3 对传统文化的亲密感

正如前文提到的，在进行实地研究之前，班上仅有少数儿童熟悉传统皮影戏这一艺术表现形式。在实地研究开始时，我们也给儿童提供了真实的皮影，他们一开始显示了极大的兴趣，并试图去操纵这些皮影，但是他们很快发现自己无法掌握操纵皮影的方法，于是开始随意拉扯，这些皮影很快就被扯散了，儿童的兴趣也随之下降。这个现象清楚地说明，尽管传统艺术形式能够吸引儿童的兴趣，但是传统艺术较高的参与壁垒阻碍了儿童的进一步亲近。相比之下，ShadowStory 系统既保留了传统艺术固有的吸引力，同时也引进自然的交互技术，从而消除了参与壁垒，并能够鼓励儿童沉浸在皮影戏设计和表演的体验中。

通过使用 ShadowStory，儿童获得了皮影戏创造和表演过程的整体知识，并且体验了一些独特的工具和技巧的使用，如虚拟雕刻刀具。在表演过程中，儿童也会受到传统皮影戏表演的影响，例如，一个女孩在表演《新西游记》时边唱边晃动身体，这种行为很明显是受到了之前给他们观看的传统皮影表演的影响。

除了皮影戏，儿童在使用 ShadowStory 的过程中也能体验到其他传统元素。其中一些元素是儿童早已熟知并喜爱的，如表 7.1 中的前两个故事都源自传统神话《西游记》中的孙悟空。儿童还会重新修改传统故事中的角色，使其适合儿童自己的故事情节。儿童也将自己所知的传统历史故事带进了数字故事中。例如，一名男孩的爷爷奶奶曾经给他讲过古人利用驿马发送紧急信件的故事，他对这个故事印象深刻，所以创造了一个《驯马》的故事，讲述如何抓捕和训练野马为他发送信件。

另外，系统还提供了许多传统工具。例如，儿童特别喜欢使用“印章”工具在自己的角色上印上传统的纹样。尽管他们还不能完全了解这些纹样的象征意义，但是先形成一个初步的印象会对未来进一步的探索打下基础。另外一个例子是，一名儿童在创造背景素材时，除了使用印章工具来印纹样，还创造性地用刻刀工具雕刻出了新的纹样。

通过这些例子，我们认为儿童并不是对传统文化不感兴趣。对于人机交互研究者们来说，如何设计好的交互技术激发儿童对传统文化的潜在兴趣，并提供简便的方法让儿童亲身体验传统文化将会是有意义的研究课题。而 ShadowStory 是在这个方向上的一个成功的尝试。

参考文献

[1] LU F, TIAN F, JIANG Y, et al. ShadowStory: creative and collaborative digital storytelling inspired by cultural heritage[C] //Proceedings of the 2011 annual conference on Human factors in computing systems. May 7-12, 2011, Vancouver, BC, Canada. New York: ACM Press, 2011: 1919-1928.

[2] KAM M, KUMAR A, JAIN S, et al. Improving literacy in rural India: cellphone games in an after-school program[C] //Proceedings of the 3rd international conference on Information and communication technologies and development. Doha, Qatar. Piscataway: IEEE Press, 2009: 139-149.

[3] TIAN F, LV F, WANG J, et al. Let's play chinese characters: mobile learning approaches via culturally inspired group games[C] //Proceedings of the 28th international conference on Human factors in computing systems. April 10-15, 2010, Atlanta, Georgia, USA. New York: ACM Press, 2010: 1603-1612.

[4] PRASAD A, MEDHI I, TOYAMA K, et al. Exploring the feasibility of video mail for illiterate users[C] //Proceedings of the working conference on Advanced visual interfaces. May 28-30, 2008, Napoli, Italy. New York: ACM Press, 2008: 103-110.

[5] TAOUFIK I, KABAILI H, KETTANI D. Designing an e-government portal accessible to illiterate citizens[C] //Proceedings of the 1st international conference on Theory and practice of electronic governance. December 10-13, 2007, Macao, China. New York: ACM Press, 2007: 327-336.

[6] 高佳琪. 90 后与 00 后心理状态和学习动机的调查研究[J]. 长春教育学院学报, 2010, 26(2): 48-50.

[7] CASSELL J, RYOKAI K. Making Space for Voice: Technologies to Support Childre's Fantasy and Storytelling[J]. Personal and Ubiquitous Computing, 2001, 5(3): 169-190.

[8] The Convention for the Safeguarding of the Intangible Cultural Heritage[R]. Paris: UNESCO, Intangible Cultural Heritage, 2003.

[9] Chinese Shadow Play-Precursor of Modern Cinema[EB/OL]. http://traditions.cultural-china.com/en/17Traditions7497.html.

[10] RYOKAI K, MARTI S, ISHII H. I/O brush: beyond static collages[C] //CHI '07 extended abstracts on Human factors in computing systems. April 28-May 3, 2007, San Jose, CA, USA. New York: ACM Press, 2007: 1995-2000.

[11] PARES N, CARRERAS A, DURANY J, et al. Promotion of creative activity in children with severe autism through visuals in an interactive multisensory environment[C] //Proceedings of the 2005 conference on Interaction design and children. June 8-10, 2005, Boulder, Colorado. New York: ACM Press, 2005: 110-116.

[12] CHIPMAN G, DRUIN A, BEER D, et al. A case study of tangible flags: a collaborative technology to enhance field trips[C] //Proceedings of the 2006 conference on Interaction design and children. June 7-9, 2006 Tampere, Finland. New York: ACM Press, 2006: 1-8.

[13] MANDRYK R L, INKPEN K M, BILEZIKJIAN M, et al. Supporting children's collaboration across handheld computers[C] //CHI '01 extended abstracts on Human factors in computing systems. March 31-April 5, 2001, Seattle, Washington. New York: ACM Press, 2001: 255-256.

[14] RYOKAI K, CASSELL J. Computer support for children's collaborative fantasy play and storytelling[C] //Proceedings of the 1999 conference on

Computer support for collaborative learning. Palo Alto, California. 1150303: International Society of the Learning Sciences, 1999:1-12.

[15] RYOKAI K, CASSELL J. StoryMat: a play space for collaborative story telling[C] //CHI '99 extended abstracts on Human factors in computing systems. May 15-20, 1999, Pittsburgh, Pennsylvania. New York: ACM Press, 1999: 272-273.

[16] GLOS J W, CASSELL J. Rosebud: technological toys for storytelling[C] //CHI '97 extended abstracts on Human factors in computing systems: looking to the future. March 22-27, 1997, Atlanta, Georgia. New York: ACM Press, 1997: 359-360.

[17] BARNES C, JACOBS D E, SANDERS J, et al. Video puppetry: A Performative Interface for Cutout Animation[J]. ACM Transactions on Graphics, 2008, 27(5): 1-9.

[18] DECORTIS F, RIZZO A. New Active Tools for Supporting Narrative Structures[J]. Personal and Ubiquitous Computing, 2002, 6(5-6): 416-429.

[19] CAO X, LINDLEY S E, HELMES J, et al. Telling the whole story: anticipation, inspiration and reputation in a field deployment of TellTable[C] //Proceedings of the 2010 ACM conference on Computer supported cooperative work. February 6–10, 2010, Savannah, Georgia, USA. New York: ACM Press, 2010: 251-260.

[20] CAPPELLETTI A, GELMINI G, PIANESI F, et al. Enforcing Cooperative Storytelling: First Studies[C] //Proceedings of the 4th IEEE International Conference on Advanced Learning Technologies. August 30-September 1, 2004, Joensuu, Finland, 2004: 1-5.

[21] HOURCADE J P, BEDERSON B B, DRUIN A, et al. KidPad: collaborative storytelling for children[C] //CHI '02 extended abstracts on Human factors in computing systems. Minneapolis, Minnesota, USA. New York: ACM Press, 2002: 500-501.

[22] RUFFALDI E, CARROZZINO M, EVANGELISTA C, et al. Design of Information Landscapes for Cultural Heritage[C] //International Conference on Digital Interactive Media in Entertainment and Arts. September 10-12, 2008, Athens, Greece.

[23] FERNANDEZ J M. Multicultural videos: an interactive online museum based on an international artistic video database[C] //Proceedings of the 1st ACM international workshop on Communicability design and evaluation in cultural and ecological multimedia system. October 31, 2008, Vancouver, British Columbia, Canada. New York: ACM Press, 2008: 23-30.

[24] AMICIS R D, GIRARDI G, ANDREOLLI M, et al. Game based technology to enhance the learning of history and cultural heritage[C] //Ace. October 29-31, 2009, Athens, Greece. New York: ACM Press, 2009: 451.

[25] WiTilt v3.0[EB/OL]. https://www.sparkfun.com/products/8563.

[26] SAWYER R K. Pretend play as improvisation: Conversation in the preschool classroom[M]. Hillsdale: Lawrence Erlbaum Associates, Inc, 1997.

▶第8章

儿童合奏学习领域应用实践

传统的器乐合奏有助于培养儿童的音乐素养和协作意识，和谐美妙的合奏表演只有通过各乐器声部之间的无瑕疵配合才能够实现。然而，为了能够进行合奏表演，儿童必须接受足够的音乐训练，并精通至少一种乐器，因此许多儿童没有机会参与和体验。本章介绍了 EnseWing[1]，一种通过手势交互技术和直觉化界面提供器乐合奏体验的 RBI 系统，帮助只受过有限音乐训练的儿童体验合奏。EnseWing 用直觉化的手势界面替代乐器演奏，降低了乐器学习的难度，同时保留了器乐合奏的关键特征和挑战。两个月的实地研究结果表明，EnseWing 能够帮助儿童获得与传统器乐合奏相似的合奏意识和技能，并大大降低了儿童参与体验合奏的门槛，使更多儿童体验合奏之美，也为儿童提供更多的合作机会。

8.1 背景

达尔克罗兹理论指出，身体应该是第一个被训练的乐器，因为运动觉训练和音乐可以相互增强。在身体随着音乐运动的同时，大脑会不断地记忆、判定和修正运动。同时，这种运动觉的训练也能够帮助儿童体会到节奏和声音的微小差别[2,3]。奥尔夫理论也表明运动觉训练可以促进一个人的音乐感知能力、身体协调能力和创造力，儿童时代是通过身体运动培养节奏感的最佳时机[4, 5]。

根据 Bakker 等的研究，具身隐喻（Embodied Metaphor）可以帮助儿童理解音乐概念[6]。因此，一些研究者尝试构造基于运动感知的音乐系统，通过捕捉儿童运动来创造音乐。BodyBeats[7]允许儿童使用全身交互触发预先录制好音频；MoBoogie[8]支持儿童用户通过身体运动操纵和控制音乐，能够激发儿童的创造性表达。

研究人员还尝试利用音乐来增强协作技能。Symphony-Q 系统将乐器图标映射到交互式桌面，帮助儿童协同地控制乐器图标进行演奏[9]；Digital Drumming 系统能够支持新手用户和专业鼓手共同合作来创造音乐节奏[10]；JamSpace 提供了网络协作环境，帮助新手和业余爱好者编曲[11]；MOGCLASS 提供基于移动设备的乐器演奏工具，利用可协作的移动应用开展课堂音乐教育[12]；Jam-O-Drum 将速度感知输入设备整合进大桌面交互系统中，支持 6 名以内用户进行协作的音乐即兴演奏[13]。类似的概念已经被应用于部分视频游戏，例如，允许玩家一起演奏音乐的 Rock Band[14]，以及允许玩家控制屏幕上乐队的 Wii Music[15]。然而，这些视频游戏对不同乐器声部的支持大多数是通过节拍匹配而不是真正的演奏。

目前很少看到以模拟儿童的真实器乐合奏体验为重点的研究。PLOrk[16]和 SLOrk [17]探讨了以计算机为媒介的合奏的可能性，但这些都是为经验丰富的演奏者设计的。本章介绍的工作是第一个尝试让只受过有限音乐训练的儿童体验器乐合奏，并通过合奏练习获得合作意识的研究。

8.2　用户调研与设计原则

我们对两位儿童铜管乐队的指挥教师进行了时长 90 分钟的半结构化访谈，其中一位教师具有 20 年儿童乐队的指挥经验。通过访谈可以了解到，通常一名儿童至少需要 18 个月的音乐训练（包括乐器训练和合奏训练）才能进行初步的合奏表演。教师们列出了合奏的五个基本要素和挑战。

（1）音高：以管乐器为例，儿童需要学习口形、呼吸和指法来产生正确的音调。儿童很难准确地控制音高，尤其是辅旋律，由于不能独立成曲调，因此很难把握音准。

（2）节奏：许多儿童无法掌握八分音符/休止符、四分音符/休止符之间的差异。

（3）速度：所有参与者都应该以相同的速度演奏，但是儿童经常会出现抢拍或慢拍的现象。

（4）音量：每个乐器的音量需要仔细控制——同一个乐器，在某一时段担任主声部时，声音要宏亮高昂；而在另一时段担任辅声部时，声音要轻柔婉转。

（5）进入点：不同的乐器通常在不同的时间点进入合奏旋律，并且可能会在乐器中间部分休止和重新进入。对于儿童乐队来说，经常无法把握准确的进入时间点。

虽然所有这些要素都可以在合奏训练中提高，但音高是乐器训练最重要的要素，初学者需要最多的时间练习该技能，而且这种技能在不同的乐器之间是不能直接转换适用的；其他四个要素对于和谐合奏中各声部的协调至关重要，并且在不同的乐器之间是相通的。因此，我们提出两个设计原则：

- 通过简单的手势去除音高控制来简化乐器部分的学习；
- 保留合奏排练和表演的主要挑战，包括节奏、速度、音量和进入点。

8.3 EnseWing 设计

本节采用参与式设计方法，1 名指挥和 6 名儿童参与到系统设计中。我们在北京的一所小学测试第一个原型，为期两天（每天 90 分钟），随后根据观察结果改进设计方案。

最终设计方案如下。

- 交互/音乐控制：儿童佩戴陀螺仪和加速度计用来感知手部的水平运动，使用 Microsoft Kinect 检测垂直方向的运动。与文献［8］所述类似，每首乐曲的每个音符都是按顺序预先录制在系统中的，所以儿童只需要控制每个音符的音长和音量，不需要控制音高。儿童可以通过手臂的水平挥动开始演奏。节奏和速度通过控制每个音符的音长来实现。儿童可以通过水平挥动手来演奏单个音符。一个音符会持续播放，直到儿童手部的运动方向反转，此时下一个音符开始播放。如果手保持不动，则当前的音符会持续演奏。对于音量的控制，手举得越高，音量越大。
- 用户界面：如图 8.1 所示，EnseWing 用户界面使用视觉符号“Music Bone”来可视化音高和音长，通过这种方式帮助儿童以直观和容易学习的方式理解抽象的音乐概念。Music Bone 的高度表示音符的音高，长度表示音符的持续时间（音长）。每个音符的 Music Bone 在播放时会变为红色。用户界面中还加入了在中国广泛使用的简谱。
- 功能：EnseWing 具有常见的媒体播放器功能，如播放、暂停和重新开始。为了便于练习和彩排，还添加了“单句练习”和“整曲练习”

按钮，来增强对排练的控制。

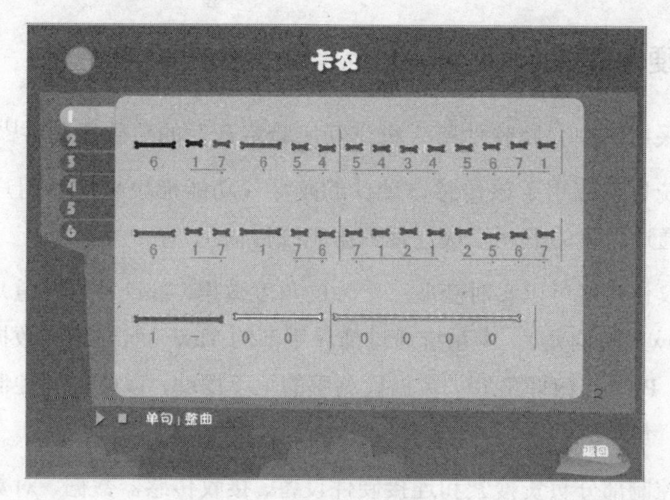

图 8.1　EnseWing 用户界面

上面所描述的只是一个单独的界面。EnseWing 的核心不是技术部分，而是如何能够让指挥和未经训练的儿童得到真正的合奏体验。只有当所有参与者（包括指挥和儿童）以真实合奏的方式使用系统时，EnseWing 的体验才真正开始。而包括指挥和儿童在内的所有成员通过实际参与将成为 EnseWing 体验的共同创造者。

8.4　技术实现

系统硬件主要包括陀螺仪传感器、腕带及蓝牙通信模块；软件部分包括动作识别模块、音乐模块和显示模块。动作识别模块负责通过蓝牙接受传感器数据，并检测出特定维度数据序列的极值点。音乐模块根据检测到的极值点时序，触发调用 MIDI 音乐库进行乐曲播放。显示模块也根据极值点时序，同步改变界面中形象化音符的显示状态，给用户以视觉上的反馈提示。各模块具体的技术细节展开描述如下。

8.4.1 硬件模块

系统采用了中科院软件所人机交互实验室开发的传感器硬件[18]。

本系统目前应用了该传感器硬件的陀螺仪功能模块来捕获用户肢体动作数据，并通过内置的蓝牙模块进行数据无线传输。

陀螺仪传感器可以实时获取三个轴的角度数据：Pitch（俯仰角）、Row（横滚角）、Yaw（航向角）。本系统通过捕获手部的 Yaw（航向角）数据检测手的左右摆动、Pitch（俯仰角）[19]数据检测手的上下摆动，以此分别控制音符播放的节奏及音量。

通信控制部分负责搜索和连接硬件设备、接收传感器数据、对数据进行深度加工计算，并得到手臂挥动的角度数据。传感器不间断捕获动作并采集数据，平均大约每 0.08s 可以更新状态数据。系统采用 C/S 架构的数据连接及通信模式，使用该架构的好处是 C/S 架构成熟稳定、客户端支持多种类型、便于后续扩展。

8.4.2 极值点检测算法

EnseWing 根据手部不同方向的摆动动作控制播放节奏。触发时间点就是手部改变摆动方向的时刻。传感器可检测到的手部动作是绕着三个轴进行旋转的分量，由于人体腕部沿前臂骨的垂直轴进行内旋、外旋运动的幅度都在 $-\frac{\pi}{2}\sim\frac{\pi}{2}$，在此运动范围内，航向角的变化范围为［-90°，90°］。这里我们只需要获取手部绕 Z 轴（竖直轴）转动的航向角变化，就可以识别出是顺时针还是逆时针的水平摆动动作。

由于系统采取的是多人演奏模式，对实时性的要求很高，从动作到音乐输出的处理延迟需要尽可能低。算法上要实现边动作边识别，既要根据过往的传感器数据判断运动状态，又要根据当前时刻的数据确定识别结果，此外还要过滤由于传感器静止漂移误差、用户误操作等可能对系统识别结果造成的影响。

8.4.3　MIDI 音效输出

播放输出部分采用了 MIDI[20]。这是一个工业标准的电子通信协定，为电子乐器定义各种音符或演奏码，它有如下特点：

- MIDI 不传送声音，只传送表示音调和音乐强度的数字数据；
- 计算机声卡是 MIDI 兼容的，并能逼真地模拟上百种乐器的声音；
- 基于 MIDI 字节流的音乐文件非常短小，一首完整音乐的电子乐谱可能只需要几万字节；
- 标准指令集简单易掌握。

在本系统中要应用 MIDI 实现开始或结束音乐播放、选择乐器，以及调整播放的音高、音量。

每首歌分为多个声部，一个声部实际上是一个简谱序列，可以通过 MIDI 标准映射为参数的数组，保存为音乐库。在程序中读出数组，根据对动作序列的判断，定位出此声部简谱数组中对应下标的数字，作为 MIDI 音高的参数即可播放。

8.5　实地研究

我们在北京的一所小学进行了两个月的实地研究，6 名儿童（见表 8.1）和 1 名指挥参加本次研究。每名儿童选择合奏表演中的一个声部，被邀请担任 EnseWing 指挥的是 1 名担任学校合唱团指挥的音乐教师。她在 EnseWing 合奏中的角色与传统的学生器乐合奏非常相似，由她向儿童讲解基本的音乐概念和乐曲，并根据进度对儿童进行指导和训练。她最重要的作用是指导儿童协调一致地演奏，以实现和谐的合奏。我们共进行了14次时长90分钟的课程，持续时间是两个月。在最后一天，儿童为他们的父母进行了EnseWing合奏表演。

表8.1 参与实地研究的儿童

ID	年 龄（岁）	性 别	乐器经验	合奏经验
C1	10	男	电子琴（6个月）	无
C2	10	女	无	无
C3	9	女	扬琴（4年）	无
C4	9	女	无	无
C5	10	女	无	无
C6	9	男	无	无

如图8.2所示，每名儿童都有一个自己的EnseWing界面和一个扬声器。声音与表演者空间位置相关联，就像真正的器乐合奏一样。这对于参与者了解其他声部来说至关重要。研究使用了三首乐曲，分别为《洋娃娃和小熊跳舞》《一闪一闪小星星》和《卡农》，乐曲中的声部都是专为EnseWing而设计的。

图8.2 EnseWing的实地布置

所有的课程和表演均通过视频记录下来。在每次课程结束时，我们和指挥儿童分别进行了访谈。表演结束后，我们还采访了父母。所有访谈内容都被记录在案。

两名视频分析人员使用视频编码工具 Datavyu[21]分析了所有的视频。一名分析人员参与了实地研究的全过程，另一名分析人员在乐器演奏和合唱方面都有一定的经验。本节用文献［22, 23］中的视频编码方法进行了为期 4 周的编码工作。每个星期，两名视频分析人员会分别对课程的视频进行审查，然后视频分析人员和研究人员共同对视频编码进行讨论和完善。在编码迭代过程中，视频分析人员和研究人员都认为，获得意识和掌握技能应该被区分看待。最后，从视频中收集了 7 个编码，并从访谈中收集了 3 个编码，构建的 10 个编码可以分为 4 个类别：音乐意识与技能、合奏意识与技能、合作行为、整体体验，如表 8.2 所示。

表 8.2　视频和访谈编码

标 签	名 称	观察的现象	来 源
A．音乐意识与技能			
A1	节奏感	演奏自己声部时稳定地挥手	视频+访谈
A2	节奏技能	跟随指挥或节拍器时稳定地挥手	视频+访谈
A3	乐器理解	无	访谈
B．合奏意识与技能			
B1	对指挥的意识	频繁的注意指挥的手势	视频+访谈
B2	跟随指挥的技能	根据指挥手势保持演奏速度，控制进出时间	视频+访谈
B3	对其他声部的意识	注意他人的屏幕和手势运动	视频+访谈
B4	与其他声部的协作	在与其他声部排练时保持正确的节奏	视频+访谈
B5	对合奏的整体理解	无	访谈
C．合作行为		两两合作、多声部合作和整体合作	视频+访谈
D．整体体验		无	访谈

8.6 用户体验

本次访谈收到了儿童、指挥和家长的正面反馈。儿童在两个月内通过 EnseWing 达到了基本的合奏水平。视频分析结果如图 8.3 所示。

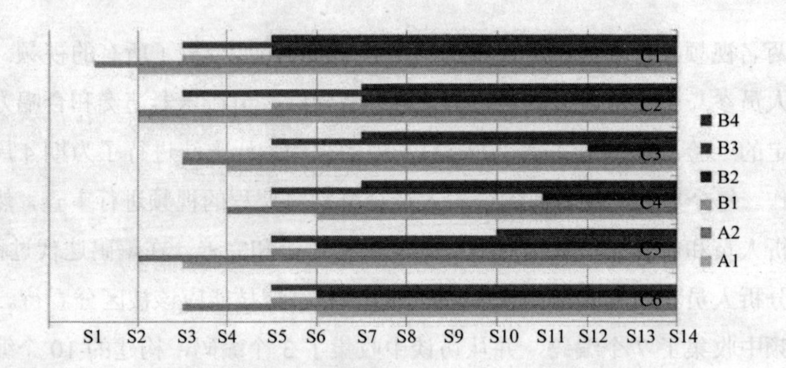

图 8.3　音乐意识与技能、合奏意识与技能的视频分析（C——儿童，S——课程）。

8.6.1　音乐意识与技能

课程第 1～5 节侧重于培养个人音乐意识与技能。通过训练，在第 10 节课学习新乐曲时，各声部都能在 45 分钟内能掌握新乐曲中各自的演奏部分。

（1）节奏感（A1）。

儿童通过跟随指挥、成对练习、跟随钢琴合唱等方式培养出节奏感。儿童成对练习的实践显著加速了学习进程。所有儿童都在第 6 节课前获得了较为显著的节奏感。

（2）节奏技能（A2）。

通过反复练习，所有参与的儿童在前 5 节课内掌握了如何将他们的动作与节奏相匹配。所有的儿童都是首先获得节奏技能，然后培养出节奏感，这与儿童通过运动觉学习获得节奏感的理论是一致的[2, 3]。

（3）乐器理解（A3）。

在 EnseWing 中，每首乐曲有六个乐器声部。例如，“一闪一闪小星星”有短笛、风琴、双簧管、钢琴、弦乐合声、三角铁这六个声部。儿童虽然最终还不能分辨出每种乐器，但是他们能够发现每个声部的乐器是不同的，并且对分辨这些差异非常感兴趣。

8.6.2　合奏意识与技能

所有的儿童在此之前都没有任何合奏经验。在实地研究中，儿童的合奏意识逐渐被培养出来。在前 5 节课中，儿童很少表现出合奏意识。然而，通过第 6～9 节课的自发成对练习，儿童逐级意识到自己在合奏中的角色、其他声部的作用及彼此之间的关系（见图 8.4）。

（a）成对练习

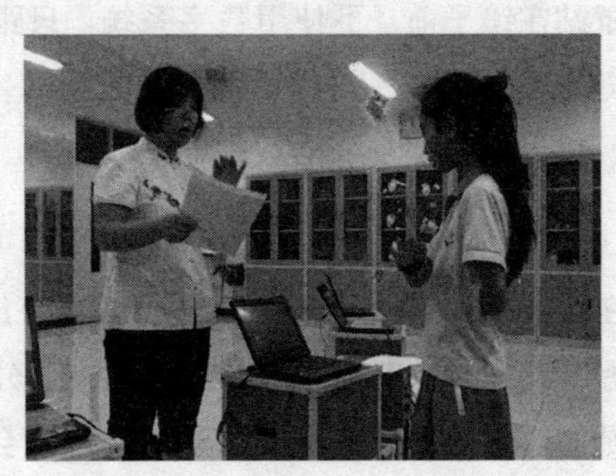

（b）跟随指挥

图 8.4　合奏意识展示

在第 10 节课上，指挥指导儿童在听自己声部的同时，也用耳朵去听其他声部和节拍器。另外，指挥还教导儿童关注指挥的手势来取替节拍器。儿童学会了如何将视觉注意力同时分配给指挥和屏幕上的乐谱，以及将听觉注意力同时分配给自己的声部和其他的声部。我们在实地研究过程中培养的这些综合技能与传统器乐合奏中培养的技能是一致的。

在后期的课程中，儿童能够清楚地描述乐曲的结构和各个声部之间的关系，这与在研究初期儿童不关心其他声部的情况完全不同。在整个学习期间，儿童对合作意识的态度发生了很大变化。

C1：“开始我不知道别的声部有什么作用，但后来就知道了。我觉得一、二、三、四声部是主角，第五声部和第六声部是配角。第六声部的作用像节拍器，我用来听重音。”

（1）对指挥的意识（B1）。

对指挥的意识的判定主要依据儿童能否积极主动地观察和响应指挥的手势。两名儿童（C1、C3）在第 4 节课获得了该意识，其他的儿童在第 6 节课获得了该意识。老师的指导和节拍器的使用加深了儿童对节奏的理解，所以他们开始有意识地通过注视指挥的手势来跟上节奏。在第 6 节课上，老师要求儿童站在镜子前，不使用数字系统，只跟随指挥的手势挥动双臂。这样的训练对提升儿童对指挥的意识有很大的帮助

（2）跟随指挥的技能（B2）。

C1 在第 6 节课掌握了这项技能，C5 和 C6 在第 7 节课掌握了该技能，C2 在第 8 节课掌握了该技能，C3 在第 11 节课掌握了该技能，C4 在第 12 节课掌握了该技能。本技能掌握的时间主要分布在第 6～12 节课，但是所有参与者都是在获得对指挥的响应意识之后才学会这项技能的。儿童只有先有意识地去跟随指挥，才能把自己的节奏和指挥的节奏匹配。通过自我练习、成对练习、跟随指挥，儿童逐渐获得必要的合奏技能。

（3）对其他声部的意识（B3）。

C1 和 C2 在第 4 节课获得了这种意识，但大多数儿童在第 6 节课上才获得了这种意识。在第 6 节课期间，指挥要求儿童单独站在镜子前面哼唱出他们各自的旋律。之后，一个儿童边哼唱边挥动手臂模拟演奏他自己的声部，其他的儿童跟着他一起模拟演奏。在这种合作中，儿童提高了对其他声部的认识。经过一天的训练，所有儿童都获得了对其他声部的认识。成对练习进一步提高了儿童的默契[24]，他们可以理解和分析彼此声部的乐谱和节奏。在采访中，C3 告诉我们，“我发现我的节奏和 C6 的完全一样。”

（4）与其他声部的协作（B4）。

与其他声部的协作能力是在不同声部的互相配合当中形成的。当获得这项技能后，儿童与其他声部排练时会保持正确的节奏，能够以稳定的速度来演奏自己的声部，不会过快或过慢。C1 在第 6 节课掌握了这项技能，C2、C3、C4 和 C6 在第 8 节课掌握了这项技能，C5 在第 11 节课掌握了这项技能。

大多数儿童在第 8 节课获得了这项技能，这主要有两方面的原因。首先，从第 6 节课开始，每组两个儿童之间的排练有所增加。通过重复练习，他们的协作能力得到提高。其次，在第 8 节课中，指挥用钢琴演奏了所有声部的旋律，使儿童可以了解所有声部的特点与作用，以及其他声部与自己所需演奏声部的差异和关系。

（5）对合奏的整体理解（B5）。

随着合奏训练不断进行，儿童逐渐了解了不同声部的作用，获得了总体意识和判断能力。

C4:"在（乐谱）第二行，如果六个声部的声音听起来像一个人（在演奏），我就知道（合奏）对了。"

8.6.3　合作行为

如果有儿童不能跟上节奏，其他儿童会主动提供帮助。例如，在第 10 节课时，一个男孩在控制手势时有困难，一个擅长这项技能的女孩主动帮助了他 [见图 8.5（a)]。在第 11 节课，当一个女孩遇到困难的时候，所有的儿童都牺牲了休息时间，积极地帮助了她 [见图 8.5（b)]。类似的合作行为在课程的后期经常发生。

（a）手势控制方面

（b）节奏理解方面

图 8.5　儿童的合作行为

由于 EnseWing 这一 RBI 系统使用简单的手势控制取代了实际乐器演奏的方式与技巧，所有儿童都使用同样的方法来控制节奏、音量、速度和进入点，不同声部中的演奏手势是相通和外化的，因此他们能够互相纠正彼此的错误。而在一个传统的合奏乐队中，不同乐器的演奏方式非常不一样，儿童很难帮助其他演奏与自己不同乐器的队友。因此，我们可以说，EnseWing 为儿童提供了新的合作机会，能够积极地促进儿童之间进行大量的合作。

参考文献

[1] LYU F, TIAN F, FENG W, et al. EnseWing: Creating an Instrumental Ensemble Playing Experience for Children with Limited Music Training[C] //Proceedings of the 2017 CHI Conference on Human Factors in Computing Systems. May 6-11, 2017, Denver, Colorado, USA. New York: ACM Press, 2017: 4326-4330.

[2] MEAD V H. More than Mere Movement Dalcroze Eurhythmics[J]. Music Educators Journal, 1996, 82(4): 38-41.

[3] 杨立梅, 蔡觉民. 达尔克罗兹音乐教育理论与实践[M]. 上海: 上海教育出版社, 2016.

[4] HASELBACH B. Texts on Theory and Practice of Orff-Schulwerk.[M]. Beijing: Central Conservatory of Music Press, 2014.

[5] 李妲娜, 修海林, 尹爱青. 奥尔夫音乐教育思想与实践[M]. 上海: 上海教育出版社, 2014.

[6] BAKKER S, ANTLE A N, HOVEN E V D. Identifying Embodied Metaphors in Children's Sound-action Mappings[C] //International Conference on Interaction Design & Children, 2009: 140-149.

[7] ZIGELBAUM J, MILLNER A, DESAI B, et al. BodyBeats: whole-body, musical interfaces for children[C] //CHI '06 extended abstracts on Human factors in computing systems. April 22-27, 2006, Montréal, Québec, Canada. New York: ACM Press, 2006: 1595-1600.

[8] HALPERN M K, THOLANDER J, EVJEN M, et al. MoBoogie: creative expression through whole body musical interaction[C] //Proceedings of the 2011 annual conference on Human factors in computing systems. May 7-12, 2011, Vancouver, BC, Canada. New York: ACM Press, 2011: 557-560.

[9] KUSUNOKI F, SUGIMOTO M, HASHIZUME H. Symphony-Q: a support system for learning music through collaboration[C] //Proceedings of the Conference on Computer Support for Collaborative Learning: Foundations for a CSCL Community. Boulder, Colorado. Rosten: International Society of the Learning Sciences, 2002: 491-492.

[10] BEATON B, HARRISON S, TATAR D. Digital drumming: a study of co-located, highly coordinated, dyadic collaboration[C] //Proceedings of the 28th international conference on Human factors in computing systems. April 10-15, 2010, Atlanta, Georgia, USA. New York: ACM Press, 2010: 1417-1426.

[11] GUREVICH M. JamSpace: a networked real-time collaborative music environment[C] //CHI '06 extended abstracts on Human factors in computing systems. April 22-27, 2006, Montréal, Québec, Canada. New York: ACM Press, 2006: 821-826.

[12] ZHOU Y, PERCIVAL G, WANG X, et al. MOGCLASS: evaluation of a collaborative system of mobile devices for classroom music education of young children[C] //Proceedings of the 2011 annual conference on Human factors in computing systems. May 7-12, 2011, Vancouver, BC, Canada. New

York: ACM Press, 2011: 523-532.

[13] BLAINE T, PERKIS T. The Jam-O-Drum interactive music system: a study in interaction design[C] //Proceedings of the 3rd conference on Designing interactive systems: processes, practices, methods, and techniques. New York City, New York, United States. New York: ACM Press, 2000: 165-173.

[14] Rock Band[EB/OL]. http://www.rockband.com/international.

[15] Wii Music[EB/OL]. http://en.wikipedia.org/wiki/Wii_music.

[16] PLOrk[EB/OL]. http://plork.cs.princeton.edu.

[17] SLOrk [EB/OL]. http://slork.stanford.edu.

[18] 罗文灿. 基于惯性传感器的运动捕获研究[D]. 中国科学院软件研究所硕士学位论文, 2011.

[19] Wii [EB/OL]. http://en.wikipedia.org/wiki/Wii_Remote.

[20] http://en.wikipedia.org/wiki/MIDI[EB/OL].

[21] Datavyu[EB/OL]. http://datavyu.org.

[22] ANTHONY L, KIM Y, FINDLATER L. Analyzing user-generated youtube videos to understand touchscreen use by people with motor impairments[C] //Proceedings of the SIGCHI Conference on Human Factors in Computing Systems. April 27-May 2, 2013, Paris, France. New York: ACM Press, 2013: 1223-1232.

[23] HAILPERN J, KARAHALIOS K, HALLE J, et al. A3: HCI Coding Guideline for Research Using Video Annotation to Assess Behavior of Nonverbal Subjects with Computer-Based Intervention[J]. ACM Transactions on Accessible Computing, 2009, 2(2): 1-29.

[24] 朴东生. 合奏与指挥[M]. 上海: 上海音乐出版社, 2007.

反侵权盗版声明